同济博士论丛
TONGJI Dissertation Series

总主编 伍江 副总主编 雷星晖

王 晓 著

多标记生物数据建模与预测方法的研究

Research on Modeling and Prediction
Techniques for Multi-Label Biological Data

同济大学 出版社
TONGJI UNIVERSITY PRESS

内 容 提 要

本书主要围绕多标记生物数据的属性识别方法展开深入的研究。多标记生物数据的属性识别，是生物信息学中近年来新出现的一个研究领域。由于后基因组时代生物数据的爆炸式增长和它们的多标记特征，迫切需要开发出新的计算预测方法以便及时、可靠地预测出它们的多种功能或属性。

本书适于生物领域和控制/电信专业研究人员和工作人员阅读。

图书在版编目(CIP)数据

多标记生物数据建模与预测方法研究 / 王晓著. —
上海：同济大学出版社，2017.8
（同济博士论丛 / 伍江总主编）
ISBN 978 - 7 - 5608 - 6860 - 8

Ⅰ. ①多… Ⅱ. ①王… Ⅲ. ①生物信息论—数据模型
—方法研究 Ⅳ. ①Q811.4

中国版本图书馆 CIP 数据核字（2017）第 070280 号

多标记生物数据建模与预测方法研究
王 晓 著

出 品 人　华春荣　　　责任编辑　吕　炜　卢元姗
责任校对　徐春莲　　　封面设计　陈益平

出版发行　同济大学出版社　　www.tongjipress.com.cn
　　　　　（地址：上海市四平路 1239 号　邮编：200092　电话：021 - 65985622）
经　　销　全国各地新华书店
排版制作　南京展望文化发展有限公司
印　　刷　浙江广育爱多印务有限公司
开　　本　787 mm×1092 mm　　1/16
印　　张　8
字　　数　160 000
版　　次　2017 年 8 月第 1 版　　2017 年 8 月第 1 次印刷
书　　号　ISBN 978 - 7 - 5608 - 6860 - 8

定　　价　42.00 元

"同济博士论丛"编写领导小组

袁万城　莫天伟　夏四清　顾　明　顾祥林　钱梦骙

徐　政　徐　鉴　徐立鸿　徐亚伟　凌建明　高乃云

郭忠印　唐子来　闫耀保　黄一如　黄宏伟　黄茂松

戚正武　彭正龙　葛耀君　董德存　蒋昌俊　韩传峰

童小华　曾国荪　楼梦麟　路秉杰　蔡永洁　蔡克峰

薛　雷　霍佳震

秘书组成员：谢永生　赵泽毓　熊磊丽　胡晗欣　卢元姗　蒋卓文

总 序

　　在同济大学 110 周年华诞之际，喜闻"同济博士论丛"将正式出版发行，倍感欣慰。记得在 100 周年校庆时，我曾以《百年同济，大学对社会的承诺》为题作了演讲，如今看到付梓的"同济博士论丛"，我想这就是大学对社会承诺的一种体现。这 110 部学术著作不仅包含了同济大学近 10 年 100 多位优秀博士研究生的学术科研成果，也展现了同济大学围绕国家战略开展学科建设、发展自我特色，向建设世界一流大学的目标迈出的坚实步伐。

　　坐落于东海之滨的同济大学，历经 110 年历史风云，承古续今、汇聚东西，秉持"与祖国同行、以科教济世"的理念，发扬自强不息、追求卓越的精神，在复兴中华的征程中同舟共济、砥砺前行，谱写了一幅幅辉煌壮美的篇章。创校至今，同济大学培养了数十万工作在祖国各条战线上的人才，包括人们常提到的贝时璋、李国豪、裘法祖、吴孟超等一批著名教授。正是这些专家学者培养了一代又一代的博士研究生，薪火相传，将同济大学的科学研究和学科建设一步步推向高峰。

　　大学有其社会责任，她的社会责任就是融入国家的创新体系之中，成为国家创新战略的实践者。党的十八大以来，以习近平同志为核心的党中央高度重视科技创新，对实施创新驱动发展战略作出一系列重大决策部署。党的十八届五中全会把创新发展作为五大发展理念之首，强调创新是引领发展的第一动力，要求充分发挥科技创新在全面创新中的引领作用。要把创新驱动发展作为国家的优先战略，以科技创新为核心带动全面创新，以体制机制改革激发创新活力,以高效率的创新体系支撑高水平的创新型国家建设。作为人才培养和科技创新的重要平台,大学是国家创新体系的重要组成部分。同济大学理当围绕国家战略目标的实现,作出更大的贡献。

大学的根本任务是培养人才,同济大学走出了一条特色鲜明的道路。无论是本科教育、研究生教育,还是这些年摸索总结出的导师制、人才培养特区,"卓越人才培养"的做法取得了很好的成绩。聚焦创新驱动转型发展战略,同济大学推进科研管理体系改革和重大科研基地平台建设。以贯穿人才培养全过程的一流创新创业教育助力创新驱动发展战略,实现创新创业教育的全覆盖,培养具有一流创新力、组织力和行动力的卓越人才。"同济博士论丛"的出版不仅是对同济大学人才培养成果的集中展示,更将进一步推动同济大学围绕国家战略开展学科建设、发展自我特色、明确大学定位、培养创新人才。

面对新形势、新任务、新挑战,我们必须增强忧患意识,扎根中国大地,朝着建设世界一流大学的目标,深化改革,勠力前行!

万　钢

2017 年 5 月

论丛前言

承古续今,汇聚东西,百年同济秉持"与祖国同行、以科教济世"的理念,注重人才培养、科学研究、社会服务、文化传承创新和国际合作交流,自强不息,追求卓越。特别是近20年来,同济大学坚持把论文写在祖国的大地上,各学科都培养了一大批博士优秀人才,发表了数以千计的学术研究论文。这些论文不但反映了同济大学培养人才能力和学术研究的水平,而且也促进了学科的发展和国家的建设。多年来,我一直希望能有机会将我们同济大学的优秀博士论文集中整理,分类出版,让更多的读者获得分享。值此同济大学110周年校庆之际,在学校的支持下,"同济博士论丛"得以顺利出版。

"同济博士论丛"的出版组织工作启动于2016年9月,计划在同济大学110周年校庆之际出版110部同济大学的优秀博士论文。我们在数千篇博士论文中,聚焦于2005—2016年十多年间的优秀博士学位论文430余篇,经各院系征询,导师和博士积极响应并同意,遴选出近170篇,涵盖了同济的大部分学科:土木工程、城乡规划学(含建筑、风景园林)、海洋科学、交通运输工程、车辆工程、环境科学与工程、数学、材料工程、测绘科学与工程、机械工程、计算机科学与技术、医学、工程管理、哲学等。作为"同济博士论丛"出版工程的开端,在校庆之际首批集中出版110余部,其余也将陆续出版。

博士学位论文是反映博士研究生培养质量的重要方面。同济大学一直将立德树人作为根本任务,把培养高素质人才摆在首位,认真探索全面提高博士研究生质量的有效途径和机制。因此,"同济博士论丛"的出版集中展示同济大学博士研究生培养与科研成果,体现对同济大学学术文化的传承。

"同济博士论丛"作为重要的科研文献资源,系统、全面、具体地反映了同济大学各学科专业前沿领域的科研成果和发展状况。它的出版是扩大传播同济科研成果和学术影响力的重要途径。博士论文的研究对象中不少是"国家自然科学基金"等科研基金资助的项目,具有明确的创新性和学术性,具有极高的学术价值,对我国的经济、文化、社会发展具有一定的理论和实践指导意义。

"同济博士论丛"的出版,将会调动同济广大科研人员的积极性,促进多学科学术交流、加速人才的发掘和人才的成长,有助于提高同济在国内外的竞争力,为实现同济大学扎根中国大地,建设世界一流大学的目标愿景做好基础性工作。

虽然同济已经发展成为一所特色鲜明、具有国际影响力的综合性、研究型大学,但与世界一流大学之间仍然存在着一定差距。"同济博士论丛"所反映的学术水平需要不断提高,同时在很短的时间内编辑出版110余部著作,必然存在一些不足之处,恳请广大学者,特别是有关专家提出批评,为提高同济人才培养质量和同济的学科建设提供宝贵意见。

最后感谢研究生院、出版社以及各院系的协作与支持。希望"同济博士论丛"能持续出版,并借助新媒体以电子书、知识库等多种方式呈现,以期成为展现同济学术成果、服务社会的一个可持续的出版品牌。为继续扎根中国大地,培育卓越英才,建设世界一流大学服务。

伍 江

2017 年 5 月

前　言

　　多标记生物数据的属性识别,是生物信息学中近年来新出现的一个研究领域。大量研究发现,许多生物分子都拥有不止一种功能或特性,因而需要多个标记来注释其相应的属性。由于后基因组时代生物数据的爆炸式增长和它们的多标记特性,迫切需要开发出新的计算预测方法以便及时、可靠地预测出它们的多种功能或属性。本书围绕多标记生物数据的属性识别方法展开深入的研究,完成以下五方面工作:

　　(1) 本书把多标记学习技术引入蛋白质亚细胞定位领域,最早将蛋白质多亚细胞位置预测形式化为一个多标记分类任务,并且介绍了四种流行的能够准确反映多位置预测性能的评价指标,比较了两类多标记学习方法的性能优劣。实验结果表明,利用标记间相互关系的方法取得了比利用标记相关特征的方法更好的性能,为进一步研究奠定了基础。同时为真核与病毒两个生物体分别构造了各自专用的多位置蛋白质预测器,并提供了在线预测服务网站。

　　(2) 新合成或新发现的蛋白质的结构和功能尚不清楚,准确地了解它们的亚细胞位置的信息显得特别重要。针对已有方法没有考虑标记间关系,本书提出一种新颖的基于随机标记选择的预测方法 RALS;同时为了解决新发现或合成的蛋白质无法表示成GO特征进而使预测性能大打折扣的问题,本书采用融合伪氨基酸组成和序列进化信息的方法来提取蛋白质的特征。实验结果表明,通过借助集成学习的思想间接地利用亚细胞位置间的相互关系,显著地提高了预测性能,并优于当时已有的最好结果。

（3）以往研究人员主要专注于在细胞级别预测蛋白质的位置,本书更进一步研究叶绿体细胞器的亚结构,构建了一个包含多亚叶绿体位置的蛋白质数据集,提出了一种结合标记相关特征和标记间关系的预测方法。实验结果表明,通过选取与每个位置最相关的特征,并且加入了不同位置之间的相互关系,该方法能够很好地对蛋白质的多位置特性建模,因而取得更优越的性能。本研究是该领域的第一个对多亚叶绿体位置进行建模和预测的工作,为蛋白质亚-亚细胞位置预测研究提供了重要的参考价值。

（4）大量的抗微生物肽不止有一个功能,可能同时拥有多种功能。同时识别出它们的多种功能类型,对抗生素替代药物的研制具有极其重要的意义。目前的工作大多都局限于仅能识别抗微生物肽,不能进行更深一层的多功能类型预测。本书把集成学习和多标记学习结合起来,创新地提出一种最优多标记集成分类算法来预测抗微生物肽的多种功能类型,实验结果表明,通过分别为每个标记(抗微生物肽的功能)选择不同的最优分类器组合,去除无关和冗余的分类器,显著地改进了预测性能。

（5）为了更好地为生物学家提供服务,本书的所有研究成果都已开发成在线生物信息服务网站,使生物学家仅通过互联网和浏览器就可以方便快速地获得所需分析结果,并且为进一步指导实验设计提供强有力的支撑。同时,在线生物信息服务网站的建立,也为生物信息学家之间公开透明地进行预测算法的性能比较提供便利,可以进一步促进生物信息学的发展。

目　录

第1章

绪 论

1.1 多标记数据建模与预测概述

单标记数据集中的每个实例都由描述其概念的一个标记标注,也就是说,人为假设真实世界的对象与其概念标记是一一对应的关系。传统的分类算法,比如,支持向量机、kNN、决策树等,通过对这种仅有一个概念标记的单标记数据集进行学习,以尽可能正确地预测出训练集以外的实例的唯一概念标记。然而,真实世界的对象并不都只有一个概念标记,比如,一篇文章可以包含多个主题,一个蛋白质序列可能位于多个亚细胞位置,一个抗微生物肽可能有多种功能类型,等等。实际上,这种情况在真实世界中比比皆是。相对于单标记数据集,多标记数据集就是由同时包含多个概念标记的样本组成。由于唯一概念标记假设,传统的分类算法不再能处理多标记数据集。因此,多标记数据建模和预测方法应运而生。

过去十几年,多标记学习吸引了大量研究人员的关注,产生了大量的学习算法。目前大约有 140 篇多标记学习研究论文,其中 60 多篇发表在 2007—2012 年机器学习相关顶级会议[1,2]。研究者在 2009 年、2010 年和 2011 年先后举办了三次多标记学习的国际学术研讨会,推动其发展,多标记学习在国际上正在成为机器学习界的一个热点研究领域[1,2]。本节将对多标记学习的研究现状进行简要综述。接下来首先给出多标记学习问题的形式化定义,然后介绍多标记学习的性能评价指标。最后对已有的多标记学习算法进行介绍。

1.1.1 形式化定义

设 $\mathbb{X} = \mathbb{R}^d$ 为 d 维示例空间而 $\mathbb{Y} = \{\lambda_1, \lambda_2, \cdots, \lambda_n\}$ 为所有概念标记构成的集合。给定多标记训练集 $Tr = \{(x_1, Y_1), (x_2, Y_2), \cdots, (x_m, Y_m)\}$ $(x_i \in \mathbb{X}, Y_i \in \mathbb{Y})$,其中样本是从未知分布 D 中独立同分布地抽取出来。多标记学习系统的目标是通过从训练集中进行学习,优化某个性能评价指标,输出一个多标记分类器 $h: \mathbb{X} \to 2^{\mathbb{Y}}$。在一般情况下,为了得到上述的多标记分类器,学习系统将学习得到某个实值函数 $f: \mathbb{X} \times \mathbb{Y} \to \mathbb{R}$。对于训练样本 x_i 及其对应的概念标记集合 Y_i 而言,学习系统希望对于任意的 $y_1 \in Y_i$ 以及 $y_2 \notin Y_i$ 有 $f(x_i, y_1) > f(x_i, y_2)$ 成立,即 $f(\cdot, \cdot)$ 在隶属于 Y_i 的概念标记上输出较大的值,而在不属于 Y_i 的概念标记上输出较小的值。基于学习所得的实值函数 $f(\cdot, \cdot)$,可导出多标记分类器 $h(x_i) = \{y | f(x_i, y) > t(x_i), y \in \mathbb{Y}\}$。其中,$t(x_i)$ 为相应的阈值函数且通常设为零常量函数。此外,实值函数 $f(\cdot, \cdot)$ 还可转化为一个排序函数 $rank_f(\cdot, \cdot)$。该函数完成实值输出 $f(x_i, y)$ $(y \in \mathbb{Y})$ 到标记下标集合的映射,从而当 $f(x_i, y_1) > f(x_i, y_2)$ 成立时 $rank_f(x_i, y_1) < rank_f(x_i, y_2)$ 亦成立。

1.1.2 性能评价指标

与传统的单标记分类相比,多标记分类需要更加复杂的性能评价指标。多标记学习任务可以细分为多标记分类和多标记排序任务[3,4],因而多标记性能评价指标分为基于分类的评价指标和基于排序的评价指标。图 1-1 展示了多标记评价指标的分类。设 $Te = \{(x_1, Y_1), (x_2, Y_2), \cdots,$

$(x_p, Y_p)\}$为多标记测试集,$h(\cdot)$是多标记分类器,$f(\cdot,\cdot)$是与$h(\cdot)$相对应的实值函数。本节对目前常用的评价指标作简要介绍。

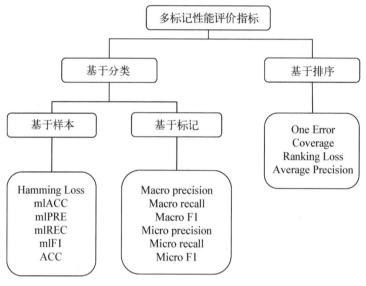

图 1-1　多标记性能评价指标的分类

基于样本的多标记分类性能:

Hamming Loss:用于考察样本在单个概念标记上的误分类情况,即隶属于该样本的概念标记未出现在标记集合中而不属于该样本的概念标记出现在标记集合中。

$$Ham \, \min \, gLoss = \frac{1}{p} \sum_{i=1}^{p} \frac{1}{n} | h(x_i) \Delta Y_i | \qquad (1-1)$$

其中,算子 Δ 用于度量两个集合之间的对称差(symmetric difference)。该指标取值越小则系统性能越优,当 $Ham \, \min \, gLoss = 0$ 时系统性能最优。值得注意的是,当 Te 中的每个样本仅含有一个概念标记时,hamming loss 的取值即为传统分类误差的 $2/n$ 倍。

mlACC,mlPRE,mlREC,mlF1:用于考察样本的多标记正确率、精确率、召回率、精确率和召回率的调和平均值。

$$mlACC = \frac{1}{M}\sum_{i=1}^{M} \frac{|Y_i \cap Z_i|}{|Y_i \cup Z_i|} \qquad (1-2)$$

$$mlPRE = \frac{1}{M}\sum_{i=1}^{M} \frac{|Y_i \cap Z_i|}{|Z_i|} \qquad (1-3)$$

$$mlREC = \frac{1}{M}\sum_{i=1}^{M} \frac{|Y_i \cap Z_i|}{|Y_i|} \qquad (1-4)$$

$$mlF1 = 2 \times \frac{mlPRE \times mlREC}{mlPRE + mlREC} \qquad (1-5)$$

ACC：评估多标记分类器的总正确率。该指标非常严格，因为它需要预测的标记集必须完全等于真实的标记集。

$$ACC = \frac{1}{p}\sum_{i=1}^{p} \left[\!\left[h(x_i) = Y_i \right]\!\right] \qquad (1-6)$$

基于标记的多标记分类性能：

Macro precision，Macro recall，Macro $F1$，Micro precision，Micro recall，Micro $F1$：

$$macro\_precision = \frac{1}{n}\sum_{i=1}^{n} \frac{tp_i}{tp_i + fp_i} \qquad (1-7)$$

$$macro\_recall = \frac{1}{n}\sum_{i=1}^{n} \frac{tp_i}{tp_i + fn_i} \qquad (1-8)$$

$$macro\_F1 = \frac{1}{n}\sum_{i=1}^{n} \frac{2 \times p_i \times r_i}{p_i + r_i} \qquad (1-9)$$

$$micro\_precision = \frac{\sum_{i=1}^{n} tp_i}{\sum_{i=1}^{n} tp_i + \sum_{i=1}^{n} fp_i} \qquad (1-10)$$

$$micro\_recall = \frac{\sum_{i=1}^{n} tp_i}{\sum_{i=1}^{n} tp_i + \sum_{i=1}^{n} fn_i} \qquad (1-11)$$

$$micro\_F1 = \frac{2 \times micro\_precision \times micro\_recall}{micro\_precision + micro\_recall} \qquad (1-12)$$

其中，tp_i，fp_i，fn_i 分别表示对于标记 λ_i 的 true positive 数量、false positive 数量、false negative 数量；p_i，r_i 分别表示对于标记 λ_i 的 precision 和 recall。

多标记排序性能：

One-error：用于考察在样本的概念标记排序序列中，序列最前端的标记不属于样本标记集合的情况：

$$One\text{-}error = \frac{1}{p} \sum_{i=1}^{p} \left[\!\left[\arg\max_{y \notin \mathbb{Y}} f(x_i, y) \notin \mathbb{Y} \right]\!\right] \qquad (1-13)$$

其中，对于任意的谓词 π，当 π 成立时 $[\![\pi]\!]$ 取值为 1，否则取值为 0。该指标取值越小则系统性能越优，当 $One\text{-}error = 0$ 时系统性能最优。值得注意的是，对于单标记学习问题而言，one-error 即为传统的分类误差。

Coverage：用于考察在样本的概念标记排序序列中，覆盖隶属于样本的所有概念标记所需的搜索深度情况：

$$Coverage = \frac{1}{p} \sum_{i=1}^{p} \max_{y \in Y_i}(rank_f(x_i, y)) - 1 \qquad (1-14)$$

该指标取值越小则系统性能越优。

Ranking loss：用于考察在样本的概念标记排序序列中出现排序错误

的情况：

$$ranking\_loss = \frac{1}{p} \sum_{i=1}^{p} \frac{1}{|Y_i||\overline{Y}_i|} \mid \{(y_1, y_2) \mid f(x_i, y_1)$$
$$< f(x_i, y_2), (y_1, y_2) \in Y_i \times \overline{Y}_i\} \mid \qquad (1-15)$$

其中，$\overline{Y}_i$ 代表在集合 $\mathbb{Y}$ 中 Y_i 的补集。该指标取值越小则系统性能越优，当 $ranking\_loss = 0$ 时系统性能最优。

Average precision：用于考察在样本的概念标记排序序列中，排在隶属于该样本的概念标记之前的标记仍属于样本标记集合的情况：

$$avgpre = \frac{1}{p} \sum_{i=1}^{p} \frac{1}{|Y_i|} \sum_{y \in Y_i} \frac{|\{y' \mid f(x_i, y') \geqslant f(x_i, y), y' \in Y_i\}|}{rank_f(x_i, y)}$$

$$(1-16)$$

该指标最先出现于信息检索（information retrieval）领域，用于度量给定查询下检索系统返回文档的排序性能[5]。该指标取值越大则系统性能越优，当 $avgpre = 1$ 时系统性能最优。

1.1.3 多标记数据建模预测算法回顾

多标记学习研究起源于文本分类中遇到的多概念标记问题，在机器学习社区引起了不小的关注，众多大学和研究机构开始着手这一富有挑战性课题的研究。就已公开的文献和技术资料，依据考虑标记间相关性的程度，已有工作可大致分为三类：一阶方法、二阶方法和高阶方法。

对于一阶方法，处理多标记问题的主要策略是把它分解成多个独立的两类分类问题，即为每个标记训练一个分类器，该策略没有考虑标记间的相关性，因此它们的泛化性能可能并不理想。其中较有影响力的工作有：ADABOOST. MH[6]，BR[7]，ML-C4. 5[8]，MLkNN[9]。ADABOOST. MH是 Schapire 和 Singer 在该领域开创性的研究成果，通过对传统的

ADABOOST[10]方法进行了扩展,该方法在训练过程中不仅要改变训练示例的权重,还要改变概念标记的权重。BR[7]是 Boutell 等人将多标记场景分类学习问题转化为多个独立的二类学习问题时提出的,并给出了多种预测准则用于从各个二类分类器的输出确定测试样本的标记集。ML-C4.5[8]是 Clare 和 King 在处理生物学数据时提出的算法,该算法将数据集在每一概念类上的熵求和定义相应的"多标记熵(multi-label entropy)",从而将 C4.5 决策树[11]进行扩展以处理多标记数据。所得多标记决策树可以转化为一组等价的符号规则,从而可以和已知的生物知识进行比较。MLkNN[9]是 Zhang 和 Zhou 提出的一种基于懒惰学习(lazy learning)技术的多标记学习算法,该算法的优点在于可以直接使用测试样本与训练样本的相似度来对概念标记进行预测,而无需大量的训练开销。

　　对于二阶方法,处理多标记问题的主要策略是考虑标记间的成对的关系,比如属于样本的标记和不属于样本的标记间的排序,或者每对标记间的相互作用。较有影响力的工作有:RANKSVM[12],BPMLL[13],CLR[14]。RANKSVM[12]是 Elisseeff 和 Weston 提出的一种多标记 SVM,该方法的优化目标函数综合了"ranking loss"评价指标以及特定的"多标记边际(multi-label margin)"。该方法在酵母(yeast)基因功能分类问题上取得了较好的效果。BPMLL[13]是 Zhang 和 Zhou 提出的基于 BP 神经网络[15]的多标记学习算法,通过改造 BP 神经网络的全局误差函数以反映多标记学习问题的特性,即隶属样本的概念标记应位于不属于该样本的概念标记前列。CLR[14]是 Furnkranz 等人在所有可能的概念标记基础上引入一个"虚拟标记(virtual label)",该虚拟标记用于分划样本的相关与无关标记。基于此,他们对基于"配对比较(pairwise comparison)"[16,17]的类别排序算法进行扩展以处理多标记学习问题。

　　对于高阶方法,处理多标记问题的主要策略是考虑标记间的高阶相关性,比如处理所有标记间关系的全阶类型,或者集成多个随机标记子集中标记间关系的随机类型。较有影响力的工作有：RAkEL[18,19]，ECC[20,21]，LEAD[22]。RAkEL 是 Tsoumakas 和 Vlahavas 提出的基于集成学习技术的多标记学习算法，使用标记集合的随机子集训练集成中的每个个体 LP 分类器，既考虑了标记间相关性，又避免了 LP 的问题。ECC 是 Read 提出的 Classifier Chain 算法的集成版本，Classifier Chain 算法扩展了 BR 方法，通过沿着分类器链传递标记间相关性信息，既避免了 BR 方法的标记独立假设的缺点，又保持了可接受的计算复杂度。LEAD 是 Zhang 和 Zhang 提出的利用所有标记间关系的全阶型多标记学习算法，通过贝叶斯网络结构[23]辨识和编码标记间的条件依赖。

1.2 多标记生物数据分析概述

多标记生物数据的属性识别，是近年来生物信息学中新出现的一类问题。大量研究发现，许多生物分子都拥有不止一种功能或特性，因而需要多个标记来注释其相应的属性，比如，已经发现越来越多的蛋白质具有多个亚细胞位置，就是说，它们可能同时位于或动态地移动于细胞内的两个或更多的亚细胞器上；数量众多的抗微生物肽有两种或两种以上的功能类型，显示出多种不同的功效。由于后基因组时代生物数据的爆炸式增长和它们的多标记特性，迫切需要开发出新的计算预测方法以便及时、可靠地预测出它们的多种功能或特性。对于该类问题的国内外研究进展，下面将分别针对蛋白质亚细胞多位置预测和抗微生物肽的多功能类型识别展开论述。

1.2.1 蛋白质亚细胞多位置预测

细胞被认为是所有生物体的最基本的结构和功能单元，通常叫做"生命的构建体"。根据细胞解剖学，一个细胞由许多具有不同功能的封闭隔室

(细胞器)构成,比如,叶绿体(chloroplasts)、线粒体(mitochondria)、细胞核(cell nucleus)、高尔基体(Golgi apparatus)、内质网(endoplasmic reticulum)等。这些细胞器对于细胞的存活各自都发挥着不同的作用。举几个例子,叶绿体通过光合作用把光能转换成化学能;线粒体为细胞提供必要的化学能养料,三磷酸腺苷(Adenosine Triphosphate,ATP);细胞核包含几乎所有的遗传物质,再经由 DNA 和蛋白质形成染色体;高尔基体的主要作用是修改,包裹和分拣蛋白质以使它们为细胞所用;内质网主要负责蛋白质的折叠和蛋白质的转运,等等[24,25]。一个典型的细胞包含近似十亿个蛋白质分子,这些蛋白质各自位于细胞的不同细胞器中,通常把它们叫做蛋白质的亚细胞位置。细胞器的功能一般都是由位于其中的蛋白质参与完成,只有当蛋白质位于正确的亚细胞位置时,它们才能执行合适的功能。可见,蛋白质的亚细胞位置和它们的功能是有紧密关联的。因此,知道蛋白质的亚细胞位置可以帮助生物学家获知蛋白质的功能,进而可以帮助促进基础研究和药物开发[26,27]。

　　蛋白质亚细胞定位可以通过各种生物学实验完成,比如,细胞分级分离法(cell fractionation)、电子显微镜成像法(electron microscopy)、荧光显微镜成像法(fluorescence microscopy)。但是,单纯的实验方法既耗时又代价高昂,致使已知亚细胞位置和未知位置的蛋白质数量之间的差距越来越大。例如,根据 2007 年 3 月 6 日发布的 Swiss-Prot 数据库 52.0 版,有确切亚细胞位置标注的蛋白质数量仅仅总蛋白质数量的 20%[28]。这意味着大概有 80% 的蛋白质没有亚细胞位置标注。为了缩小这一巨大的差距,迫切需要开发计算预测方法自动且精确地预测蛋白质亚细胞位置。

　　过去十几年,大量的计算预测方法被开发出来并且应用到蛋白质亚细胞位置预测领域。传统的计算预测亚细胞位置的方法可以粗略地分为四类:基于分类信号的方法、基于氨基酸序列的方法、基于序列进化信息的方法和基于功能标注的方法。

1. 基于分类信号的方法

该类方法主要通过识别蛋白质的信号肽来进行亚细胞位置的预测。分类信号通常位于蛋白质序列的某个具体位置附近,比如 N 端或 C 端。PSORT 预测器[29],由 Nakai 和 Kanehisa 于 1991 年提出,是第一个使用分类信号的预测器。Kakai 对细菌、植物和动物蛋白质的经过生物实验验证的分类信号进行了综述,并且应用到了蛋白质亚细胞定位中。此后,出现了多个基于分类信号的亚细胞位置预测方法,比如,WoLF PSORT[30,31],TargetP[32] 和 SignalP[33,34]。对于分类信号已知的亚细胞位置,使用分类信号可以取得非常精确的预测结果;但是,分类信号已知的亚细胞位置还只占全部亚细胞位置的很小一部分,因此,分类信号不适用于需要更大、更广的亚细胞位置覆盖度的情形。

2. 基于氨基酸序列的方法

该类方法仅利用蛋白质序列信息,不使用其他数据源提供的信息,常见的方法有:氨基酸组成(amino acid compositions,AAC)[27,35-37],氨基酸对组成(amino acid pair compositions,即 dipeptide compositions)[38],间隔氨基酸对组成(gapped amino acid pair compositions,GapAAC)[35,39] 和伪氨基酸组成(pseudo amino acid compositions,PseAAC)[40-42] 等。由于该类方法仅从蛋白质序列中抽取特征,因此,它的适用范围非常广泛,只要有蛋白质氨基酸序列即可,但是它识别率普遍不高。而且我们的前期研究发现,在蛋白质从属于多个亚细胞位置时,就是说,预测系统需要对蛋白质的多个亚细胞位置做出准确预测时,仅使用该类方法往往无法达到可接受的预测精度,在某些包含多亚细胞位置蛋白质更多的生物体上,甚至取得了更差的预测精度。

3. 基于序列进化信息的方法

该类方法使用位置相关得分矩阵(PSSM)抽取蛋白质的特征向量,它采用 PSI-BLAST 程序来产生蛋白质序列谱,即利用迭代的 BLAST 搜索方法提取蛋白质序列的进化信息,最后生成 PSSM。最早是由 Jones 等在预测蛋白质二级结构时提出[43],由于考虑了蛋白质序列的进化信息,使预测效果有较大的提升。此后,Chou 和 Shen 又于 2007 年首次提出了 PsePSSM 的概念[44],将序列顺序信息引入 PSSM,形成 PsePSSM,并将该方法应用到膜蛋白的类型预测和蛋白质亚细胞位置预测中,显著提高了识别的准确率。

4. 基于功能标注的方法

该类方法主要利用蛋白质的功能标注和它的亚细胞位置之间的关联性。蛋白质的功能标注信息主要来自外部知识库,例如和蛋白质相关的 PubMed 标题和摘要文本信息[45],功能域(Functional Domain)信息[46],基因本体(Gene Ontology,GO)数据库注释信息[47,48],等等。由于该类方法使用了外部知识库提供的额外信息,因此,能够更加准确地抽取出和亚细胞位置密切相关的特征,进而能够获取更高的预测精确度。其中,基于 GO 的方法效果最好,比如,Cell-PLoc[49],Cell-PLoc 2.0[28],iLoc-Euk[50],Euk-ECC-mPLoc[51],Virus-ECC-mPLoc[52],等等。从已有的一些预测器[50-74]的结果可以看出,该类方法,特别是基于 GO 的方法,不管在蛋白质亚细胞单位置还是多位置预测中,都取得了远远优于其他方法的预测结果。然而,并不是每个蛋白质都有功能标注,因此,该类方法的适用范围较基于蛋白质序列的方法要小。

虽然传统的计算预测方法已经取得了巨大的进步,推动了蛋白质亚细胞位置预测领域的发展,为生物学家节省了大量的时间和财力,但是,它们已不适应蛋白质亚细胞定位的最新情况。研究表明,发现越来越多的蛋白质拥有不止一个亚细胞位置[75]。例如,多位置蛋白质已经占到了老鼠肝脏的全部细胞器蛋白质的大约 39%[76]。不幸的是,大部分已有的方法都只能预测单位置蛋白质。这些预测方法建立时要么排除了多位置蛋白质,要么基于多位置蛋白质不存在的假设。实际上,这些多位置蛋白质有更加重要的生物学功能。举个例子,在跨细胞器发生的新陈代谢过程中,比如,位于过氧化酶体(peroxisome)和线粒体(mitochondria)的脂肪酸(fatty acid)的β氧化过程和位于细胞溶质(cytosol)、过氧化酶体(peroxisome)和线粒体(mitochondria)的抗氧化防御过程(antioxidant defense)[77]，多位置蛋白质起到重要的作用。正确并且全面的亚细胞位置预测给生物学家提供了更加有价值的线索。对于这些多位置蛋白质，如果仅仅标注了它们的单个位置，某些重要的信息将会丢失。因此，迫切需要开发出新的计算预测方法，能够精确地预测多位置蛋白质。

到目前为止，仅仅有少量的预测器可以预测蛋白质的多亚细胞位置。Horton 等人于 2007 年开发了 WoLF PSORT 程序[30,31]用以预测蛋白质亚细胞位置。该程序首先利用分类信号、氨基酸组成、功能模体等来向量化蛋白质序列，接着使用特征选择技术挑选出与亚细胞位置最相关的特征，然后再使用加权最近邻分类器预测亚细胞位置。该程序可以预测蛋白质的多个位置，但是它并不是专门为预测多位置蛋白质而设计，因而效果并不理想。同年，Chou 和 Shen 注意到该问题，提出了一个混合 GO 和 PseAAC 特征的集成分类器 Euk-mPLoc[59]以解决蛋白质多位置预测问题。该分类器首先把多位置蛋白质转换为多个单位置蛋白质，然后使用一个阈值控制预测出的亚细胞位置数量。之后，为了更好地服务生物学家，Chou 和 Shen 把该方法推广到人类[60]、细菌[61,62]、植物[63]、病毒[64]等多种生物体上。由于 Euk-mPLoc 等一系列预测器使用了蛋白质的 GO 标注信息，而它的预测能力主要得益于 GO 特征，使得它们在预测新颖蛋白质，即没有 GO 标注的蛋白质时，必须转向使用 PseAAC 特征，故而性能大打折扣。为了解决此问题，Chou 和 Shen 于 2010 年又开发了上述一系列分类器的 2.0 版本[28]，通过使用蛋白质的同源蛋白质的 GO 标注信息，在一定程度上克服了上述问题。紧接着，Chou 等人于 2011 年又提出了一个新的多标记近邻分类器 iLoc-Euk[50]，该分类器扩展于传统的 kNN 算法，通过定义一个新颖的累加层刻度，使 kNN 算法可以处理多位置蛋白质。之后，该方法被成功地推广到多种生物体上[67-71]，取得了满意的结果。到目前为止，在蛋白质亚细胞多位置预测领域，Chou 和其合作者做了最多的工作和贡献。除此之外，Lin 等人[78]于 2009 年构建了一个知识基用以记录蛋白质的所有可能序列变体，对于预测蛋白质，通过搜索该知识基并使用一种打分机制来预测它的亚细胞位置。Briese-meister 等人[79,80]于 2010 年采用改进的朴素贝叶斯分类器来预测蛋白质的多个亚细胞位置，并且对于预测结果还可以做出一定的解释。

1.2.2　抗微生物肽的多功能类型识别

抗微生物肽，也叫做宿主防御肽，是生物体先天免疫系统的一类重要生物大分子。它们存在于几乎所有生物体中，保护生物体自身免受致病菌的感染。抗微生物肽相对于蛋白质来说通常较短，由 10～50 个氨基酸残基组成，包含大量的正电荷与疏水残基[81,82]。致病菌的抗生素耐药性是近年来医疗健康领域的一大问题，促使研究人员努力寻找可以替代抗生素的新型药物或治疗方法。通过破坏细菌的细胞膜，或者抑制细胞外聚合物的合成以及细胞内功能，抗微生物肽可以促使细胞死亡[83-85]。它们通常作用于细胞壁上并且可以有多个细胞靶标，这致使致病菌很难对抗微生物肽产生耐性，因为细菌修改自身细胞壁成分或者改变所有的靶标是相当困难的。而且细菌的膜结构和高等真核生物有很大不同，可以帮助抗微生物肽有选择性地只攻击细菌的细胞膜，进而在临床使用时不会产生其他副作用[86]。由于抗微生物肽的这些天然免疫特性，使它有望成为传统抗生素的绝佳替代品[86-93]，进而吸引了大批相关研究人员。

抗微生物肽同时有多种功能类型，比如，抗菌肽、抗病毒肽、抗癌症或肿瘤肽等。随着后基因组时代大量蛋白质序列的产生，已知是抗微生物肽的序列和未知的蛋白质序列之间的差距越来越大。实验确认哪些蛋白质序列是抗微生物肽以及搞清楚它们的功能类型变得越来越不可行，迫切地需要开发基于序列的计算预测工具以便快速而准确地识别抗微生物肽和它们的功能类型。目前为止,已经有一些计算预测工具出现。该领域的第一个工作出现在 2007 年,通过利用隐马尔科夫模型(HMMs),Fjell 等人[94]开发了 AMPer 方法识别抗微生物肽。同年,Lata 等人开发了一个 AntiBP 预测器[95],仅用于识别抗菌肽。该方法主要分析了抗菌肽和非抗菌肽的氨基酸组成,并且利用 N 端、C 端和全长序列的氨基酸组成作为输入特征,取得了很好的性能。他们于 2010 年又改进了 AntiBP 预测器,开发了更新版本的 AntiBP2 预测器[96],该预测器还增加了对抗菌肽种属类别的预测。Wang 等人[97]通过结合序列比对和特征选择方法,开发了一个新的抗微生物肽预测方法。Khosravian 等人[98]提出使用伪氨基酸组成和机器学习方法预测抗微生物肽的方法,也取得了令人满意的性能。除了开发计算预测工具之外,研究人员也提出了一些抗微生物肽数据库。Wang 等人于 2004 年构建了一个抗微生物肽数据库 APD[99],并于 2009 年发布该数据库的第二版 APD2[100],可以通过 http: //aps. unmc. edu/AP/main. php 进行访问,并且提供抗微生物肽的预测接口。Thomas 等人[101]也建立了一个有用的数据库资源 CAMP(Collection of Anti-Microbial Peptides)帮助研究人员更好地研究分析抗微生物肽,可以通过 http: //www. bicnirrh. res. in/antimicrobial 访问。基于 CAMP 中的实验验证的肽数据,他们也利用三种机器学习算法(支持向量机、判别分析和随机森林)开发了计算预测工具。

上面提到的这些工具和数据库推动了该领域的快速发展。但是,它们都只关注于预测一个氨基酸序列是否是抗微生物肽。随着研究的逐步深入,需要往更加深入的层次探索抗微生物肽。不仅要能够识别抗微生物肽,而且还要能够识别出它们的功能类型。实际上,许多抗微生物肽不止有一个功能,而是执行多种生物功能[102]。例如,大蹼铃蟾(Bombina maxima)的笋瓜籽毒蛋白(maximins)具有抗细菌、抗真菌和抗 HIV 病毒的功能[101]。因此，识别它们的功能类型的任务应该是一个多标记分类任务。特别地，深入分析这些多功能抗微生物肽对抗生素替代药物的研制具有极其重要的意义。不幸的是，到目前为止，仅仅有一个预测器可以同时识别抗微生物肽的多种功能。该预测器 iAMP-2L[103] 是由 Xiao 等人最近开发的，它是一个两层预测器，首先识别氨基酸序列是否是抗微生物肽，然后接着再预测它们的功能类型，包括多功能类型。

1.3 本书的研究内容

如 1.2 节所述，多标记生物数据的属性识别，是生物信息学中近年来新出现的一个研究领域。大量研究发现，许多生物分子都拥有不止一种功能或特性，因而需要多个标记来注释其相应的属性。由于后基因组时代生物数据的爆炸式增长和它们的多标记特性，迫切需要开发出新的计算预测方法以便及时、可靠地预测出它们的多种功能或属性。本书主要针对该领域中的一些问题展开深入的研究，主要研究内容和创新点如下：

（1）蛋白质可以同时位于或移动于两个及两个以上的亚细胞位置。大部分已有的预测方法仅能预测蛋白质的单个亚细胞位置，它们并不考虑蛋白质的多个亚细胞位置或者假设其不存在。虽然已有一些工作可以用于预测蛋白质的多个亚细胞位置，但是它们没有认识到多标记生物数据的本质特征，只是通过简单地设置阈值的方法以使传统的单标记分类算法给出多个标记的预测结果。本书首次把多标记学习技术引入蛋白质亚细胞定位领域，形式化蛋白质多亚细胞位置预测为一个多标记分类任务，并且介绍了四种新颖的能够准确反映多位置预测性能的评价指标，比较了两类多标记学习方法的性能优劣。实验结果表明，利用标记间相互关系的方法取得了比利用标记相关特征的方法更好的性能，显示出利用标记间相互关系的方法更适合蛋白质亚细胞多位置预测领域,为以后的进一步研究指明了方向。同时,为了把我们的研究成果转化为实际应用,服务于广大生物学家,我们为两个生物体,即真核与病毒,分别构造了各自专用的多位置蛋白质预测器,并提供了在线预测服务网站。

(2)新合成或新发现的蛋白质的结构和功能尚不清楚,准确地了解它们的亚细胞位置的信息显得特别重要。可是,这类新颖蛋白质通常不能由基于 GO 的特征表示方法提取特征,因为这类新颖蛋白质要么还没被收录进 UniProtKB/Swiss-Prot 数据库中,进而在 GO 数据库中就没有相应的GO terms 标注,要么它们的同源蛋白质在 GO 数据库中也没有相应的 GOterms 标注,因而基于 GO 特征的预测器将不能工作。为了解决新发现或合成的蛋白质无法表示成 GO 特征进而使预测性能大打折扣的问题,本书采用融合伪氨基酸组成和序列进化信息的方法来提取蛋白质的特征。为了取得更好的预测性能,提出一种新颖的基于标记随机选择的预测方法,高效地利用了亚细胞位置间的相互关系。实验结果表明,通过借助集成学习的思想间接地利用亚细胞位置间的相互关系,显著地提高了预测性能,并优于目前已有的最好结果。

(3)以往研究人员主要专注于在细胞级别预测蛋白质的位置,随着对细胞中细胞器研究的深入,研究人员发现了大量的细胞器亚结构,比如,叶绿体中包含基质(stroma)、类囊体(Thylakoid)等亚结构。近年来,研究人员提出了一些蛋白质亚-亚细胞位置的预测方法,可是,这些工作存在以下一些缺点:① 考虑的亚叶绿体位置数量较少,使他们的方法的实用性降低。② 采用的数据集的同源偏置较大,蛋白质相似度高达 60%,使得不能准确地评估预测算法的性能。③ 以前的工作都忽略了具有多个亚叶绿体位置的蛋白质,进而就不能准确地预测出它们的多个位置。基于此,本文构建了一个包含多亚叶绿体位置蛋白质的数据集,该数据集的蛋白质间相似度控制在 40% 以下,并且考虑的位置数量增加到 5 个,增加了对质体球

(plastoglobule)位置的预测。本书所建立的数据集可以免费下载,有望成为该领域评价各个预测方法性能的通用数据集。而且,本章还提出了一种新颖的结合标记相关特征和标记间关系的多标记分类算法,实验结果表明,通过选取与每个位置最相关的特征,并且加入了不同位置之间的相互关系,该方法能够很好地建模蛋白质的多位置特性,因而取得了更加优越的性能。本研究是该领域的第一个考虑多亚叶绿体位置的工作,为蛋白质亚-亚细胞位置预测研究提供了重要的参考价值。

(4) 抗微生物肽具有天然免疫性,可以解决抗生素的耐药性问题,是传统抗生素药物的绝佳替代品。而且,大量的抗微生物肽不止有一个功能,可能同时拥有多种功能。同时识别出它们的多种功能类型,对抗生素替代药物的研制具有极其重要的意义。随着后基因组时代大量蛋白质序列的产生,实验确认抗微生物肽以及它们的功能类型变得越来越不可行,迫切的需要开发基于序列的计算预测方法以便快速而准确地识别抗微生物肽和它们的功能类型。目前的工作大多都局限于仅能识别抗微生物肽,不能进行更深一层的多功能类型预测。现有的多标记生物数据的预测研究一般都只使用单个多标记分类器,还没有把集成学习和多标记学习结合的先例。本书首次把集成学习和多标记学习结合起来,提出一种最优多标记集成分类算法来预测抗微生物肽的多种功能类型,实验结果表明,通过分别为每个标记(抗微生物肽的功能)选择不同的最优分类器组合,去除无关和冗余的分类器,显著地改进了预测性能。

(5) 开发计算工具软件是生物信息学领域的主要任务,可以帮助实验生物学家快速方便地分析海量生物数据,更好的辅助实验研究。为了更快地推动生命科学的发展,更好地为生物学家提供服务,我们将本书所有研究成果开发成在线生物信息服务网站,使生物学家仅通过互联网和浏览器就可以方便快速的获得所需分析结果,并且为进一步指导实验设计及方向提供了强有力的理论支持。反过来,在线生物信息服务网站的建立,也为生物信息学家之间公开透明地进行预测算法的性能比较提供便利,可以进一步促进生物信息学的发展。

1.4 本书的组织结构

本书各章的具体组织如下所示:

第 1 章首先概述多标记学习技术,然后对生物信息处理中的一个最新的研究领域,即多标记生物数据属性识别的国内外研究进展进行综述,最后详细介绍了本书的研究内容及创新点。

第 2 章把多标记学习技术引入蛋白质亚细胞定位领域,并且介绍了四种新颖的评价指标,比较了两类多标记学习方法的性能优劣,为今后蛋白质亚细胞定位研究以及其他多标记生物数据识别研究提供了重要的参考和方法工具。紧接着,专门为真核和病毒生物,分别构造了各自专用的多位置蛋白质预测器,并提供了在线预测服务网站。

第 3 章解决新发现或合成的蛋白质无法表示成 GO 特征进而使预测性能大打折扣的问题,本章采用伪氨基酸组成和序列进化信息的融合来提取蛋白质的特征。为了取得更好的预测性能,本章还提出一种新颖的基于标记随机选择的预测方法,高效地利用了亚细胞位置间的相互关系。

第 4 章更进一步研究叶绿体细胞器的亚结构,构建了一个包含多亚叶绿体位置蛋白质的数据集,并且提出一种结合标记相关特征和标记间关系的预测方法。本章研究是该领域的第一个考虑多亚叶绿体位置的工作。

第 5 章研究抗微生物肽的多功能类型识别。目前很少有工作涉足于此。本章提出一种集成学习和多标记学习相结合的最优多标记集成分类器,成功地利用集成学习技术改进了抗微生物肽多功能类型识别的准确度。

第 6 章介绍了在线生物信息预测服务平台的构建,把本书的研究成果及时转化为实际应用供生物学家使用。

第 7 章对全书工作做了总结,并对多标记生物数据识别中其他一些值得深入研究的问题进行了讨论。

第2章

蛋白质亚细胞多位置预测中多标记数据建模方法的比较分析

2.1 本章引言

越来越多的研究发现,蛋白质可以同时位于或移动于两个及两个以上的亚细胞位置[75]。这些多位置蛋白质对于制药工程和基础研究具有更加重要的意义。因此开发并提出具有能够预测蛋白质多位置信息的计算预测方法将非常有价值。大部分已有的预测方法仅能预测蛋白质的单个亚细胞位置,它们并不考虑蛋白质的多个亚细胞位置或者假设其不存在[24,25,27,29,32,33,35,37-42,45-48,101-121]。

预测蛋白质的单个亚细胞位置可以看做是机器学习中的多类分类问题,而多类分类问题首先就明确规定每个样本有且仅有一个类别,因而使其无法适应蛋白质亚细胞定位的新情况,即每个蛋白质可能同时拥有多个亚细胞位置(多个类别)。可以看出,机器学习方法的限制阻碍了蛋白质亚细胞定位领域的发展。幸运的是,近年来,在机器学习社区,出现了一种新型的学习范例,即多标记学习,已经吸引了越来越多研究者的关注,并取得了一定的研究进展[6-9,12-14,16-22,122-131]。多标记分类区别于传统的两类或多类分类,其中,每个实例可以关联不止一个类标,即类标集合。多标记学习的目的是找到样本特征空间和类标集空间之间的映射关联,从而能够识别出未标记实例的类标集合。从多标记学习的定义可以看出,该学习范例恰好可以适用于蛋白质亚细胞多位置的预测。因此,本章把多标记学习技术引入蛋白质亚细胞定位领域,把蛋白质多亚细胞位置预测问题形式化为一个多标记分类任务,以试图检验多标记学习技术是否适用于蛋白质亚细胞多位置预测领域,以及具体的哪类多标记学习方法对于蛋白质亚细胞多位置预测更有用。据我们所知,这是首次尝试使用多标记学习技术来处理蛋白质亚细胞多位置预测问题。

本章首先简单介绍了多标记学习技术,并且把已有的多标记分类算法分为两大类:利用标记间关系和利用标记相关特征的方法,然后在这两类中各选取了一个有代表性的算法进行详细介绍。虽然这两类方法各有自己的优势,但是,在蛋白质亚细胞多位置预测领域,哪种方法更好还不清楚。本章在六种蛋白质亚细胞定位数据集上对这两种方法和已有的方法进行比较分析。实验结果显示出,基于多种性能评价指标,通过引入多标记学习技术,获取了比已有的最新预测方法更好的性能。从两种多标记分类算法的比较中,进一步发现,第一类利用标记间关系的算法性能超过了第二类利用标记相关特征的算法,表明利用标记间关系的方法更适合蛋白质亚细胞多位置预测领域。根据前面的分析结果,本章为两个生物体,真核与病毒,分别构造了各自专用的多位置蛋白质预测器,并以在线预测服务网站的形式公开服务于不同领域的生物学家。

本章接下来首先简要介绍多标记学习技术以及给出上面所提的两种多标记学习算法的详细过程,然后给出了实验结果和分析,接着构造了真核与病毒的多位置蛋白质预测器,最后总结本章工作。

2.2 特征表示

最近十几年,各种机器学习方法被应用到蛋白质亚细胞位置预测领域中,取得了极大的成功。应用机器学习方法的前提是首先必须把蛋白质序列转换成特征向量,这个转换过程就是机器学习领域中所说的特征抽取过程。如本书第 1 章所述,目前,主要有四类蛋白质序列的特征抽取方法,它们分别是:① 基于分类信号的方法;② 基于氨基酸序列的方法;③ 基于序列进化信息的方法;④ 基于功能标注的方法。基于已有工作的结果,基于功能标注的方法,特别是 GO 方法,具有最好的预测性能,因此,本章也采用基于 GO 注释的特征抽取方法,该方法已经成功地运用到许多已有的蛋白质亚细胞位置预测系统中[50-74]。为了读者方便和本章完整性,接下来,我们详细介绍本章所用的一种基于 GO 注释的特征抽取方法[50]。

具体的特征抽取步骤如下:

(1) GO numbers 的压缩和重组。GO 数据库[132](版本 94,2011 年 4 月 8 日发布)有大量的 GO numbers。由于 GO 数据库中的 GO number 不是连续递增的,如原始 GO 数据库的 GO number 为:GO:0000001,GO:0000002,GO:0000003,GO:0000006,GO:0000007,……,GO:2000543,因此为了简单处理,本书对原始 GO 数据库进行了压缩与重组,把原来的 GO 数据库变为连续的 GO_comp:0000001,GO_comp:0000002,GO_comp:0000003,GO_comp:0000004,GO_comp:0000005,……,GO_comp:0018844,即把原来的 GO 数据库维数从 2000543 维压缩映射到现在的 18844 维。

(2) 给定一蛋白质 P,它可以被表示为:

$$P_{GO} = [f_1^G, f_2^G, \cdots, f_u^G, \cdots, f_{18\,844}^G]^T \qquad (2-1)$$

其中，f_u^G 通过下面的步骤进行定义。

（3）对于蛋白质 P，使用 BLAST 工具[133]搜索 Swiss-Prot 数据库（版本 55.3），设置搜索参数 $E \leqslant 0.001$，获取蛋白质 P 的同源蛋白质。

（4）选取序列相似度 $\geqslant 60\%$ 的同源蛋白质组成蛋白质 P 的同源集 $\mathbb{S}^{P\text{-hom}\,o}$，该集合中的所有蛋白质被认为是蛋白质 P 的"代表性蛋白质"，拥有相似的属性，比如，结构构象和生物功能[134,135,136]。因为它们都是从 Swiss-Prot 数据库中检索出来的，所以，它们必定有自己的 Swiss-Prot accession numbers。

（5）对步骤 3 中搜集的所有代表性蛋白质，使用它们的 accession number 在 GO 数据库中进行搜索，找到和它们对应的 GO numbers，然后再把这些 GO numbers 转换成步骤 1 中描述的 GO_comp numbers。值得注意的是，蛋白质和 GO numbers 之间的对应关系可能是一对多的关系，即，一个蛋白质对应 GO 数据库中的多个 numbers，这样的一对多关系反映了蛋白质在多个生物过程中具有不同的作用的生物学事实[137]。例如，蛋白质"P01040"对应三个 GO numbers，即，"GO：0004866""GO：0004869"和"GO：0005622"。

（6）对蛋白质 P 来说，f_u^G 表示它与第 u 个 GO_comp number 配对成功地概率，具体计算方法如下：

$$f_u^G = \frac{Hit_u(rep)}{Num(rep)}, (u = 1, 2, \cdots, 18\,844) \qquad (2-2)$$

其中，$Num(rep)$ 表示蛋白质 P 的同源集 $\mathbb{S}^{P\text{-hom}\,o}$ 中的代表性蛋白质的数量，而 $Hit_u(rep)$ 表示代表性蛋白质中成功配对第 u 个 GO_comp number 的数量。

2.3　多标记数据建模方法介绍

2.3.1　问题表述

本节首先形式化地介绍多标记学习的概念。让$\mathbb{X}$表示实例空间(所有蛋白质序列)，$\mathbb{Y} = \{\lambda_1, \lambda_2, \cdots, \lambda_m\}$表示所有可能的类标集合(亚细胞位置)。给定一个训练集$T = \{(x_1, Y_1), (x_2, Y_2), \cdots, (x_t, Y_t)\}(x_i \in \mathbb{X}, Y_i \subseteq \mathbb{Y})$，其中，$x_i$表示一个蛋白质序列，$Y_i$是相对应的亚细胞位置集合。多标记学习系统的目标是训练出一个多标记分类器$h: \mathbb{X} \rightarrow 2^{\mathbb{Y}}$以最优化某个性能评价指标，进而可以精确地预测查询蛋白质的亚细胞位置集。然而，在多数情况下，多标记学习系统并不输出一个多标记分类器，而是产生某个与多标记分类器相对应的实值函数$f: \mathbb{X} \times \mathbb{Y} \rightarrow \mathbb{R}$以分配一个实数值给每个实例/标记对。实数值$f(x_i, \lambda)$指示实例$x_i$相关于类标$\lambda$的程度。对于给定的蛋白质$p$及其对应的亚细胞位置集合$S$，一个好的学习系统将在属于$S$的亚细胞位置上输出较大的值，而在不属于$S$的亚细胞位置上输出较小的值。换句话说，对于任意的$\lambda_1 \in S$以及$\lambda_2 \notin S$，不等式$f(p, \lambda_1) > f(p, \lambda_2)$都成立。进而可以将该实值函数$f(\cdot, \cdot)$转化为一个标记排序函数$rank_f(\cdot, \cdot)$，该排序函数将所有的实值输出$f(x_i, \lambda)(\lambda \in \mathbb{Y})$映射到标记集合$\mathbb{Y} = \{\lambda_1, \lambda_2, \cdots, \lambda_m\}$上，使得当$f(x_i, \lambda_1) > f(x_i, \lambda_2)$成立时$rank_f(x_i, \lambda_1) < rank_f(x_i, \lambda_2)$也成立。值得注意的是，相应的多标记分类器$h(\cdot)$也可以由实值函数$f(\cdot, \cdot)$得出：$h(x_i) = \{\lambda \in \mathbb{Y} \mid f(x_i, \lambda) > t(x_i)\}$，其中，$t(\cdot)$是一个阈值函数，该函数通常设为零常量函数。

Binary Relevance(BR)[7]是一种简单的多标记学习方法，它把一个多标记问题分解为多个独立的两类分类任务。以蛋白质亚细胞多位置预测为例，BR方法训练m个独立的两类分类器$h_1, h_2, \cdots, h_m$，每个分类器h_i

对应于一个亚细胞位置 λ_i，用于预测测试蛋白质是否位于亚细胞位置 λ_i。每个分类器 h_i 在训练时，定位于亚细胞位置 λ_i 的蛋白质被作为正样本，而不位于亚细胞位置 λ_i 的蛋白质被作为负样本。给定一个测试蛋白质，BR方法首先把该蛋白质输入这 m 个独立的两类分类器，然后把这 m 个分类器的预测结果汇总起来以输出测试蛋白质的预测亚细胞位置集合。图 2-1 直观地展示了 BR 方法的执行过程。BR 方法几乎是最简单的多标记学习方法，概念上非常简单并且容易编码实现。可是，由于该方法没有考虑到每个样本所对应的标记之间的相关性，因此利用该方法来求解多标记学习问题往往效果并不理想。

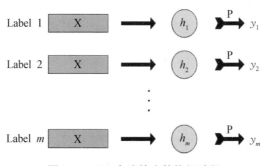

图 2-1　BR 方法的完整执行过程

另一种直观的解决多标记问题的方法是拷贝转换（copy transformation），把每个多标记样本 (x_i, Y_i) 转换为 $|Y_i|$ 个单标记样本 (x_i, λ_j)，$\lambda_j \in Y_i$。第 1 章绪论中介绍的 Chou 和其合作者开发的一系列预测器都是采用此种转换策略。类似于 BR 方法，由于该方法没有考虑到每个样本所对应的标记之间的相关性，因此利用该方法来求解多标记学习问题往往效果也不理想。

2.3.2　利用标记间相互关系的建模预测方法

第 2.3.1 节中提到，BR 方法的主要问题在于忽略了标记间相互关系，从而导致了较差的性能。为了克服这个问题，本节介绍一种有代表性的多标记分类算法,分类器链集成(ensembles of classifier chains)[20,21],采用一种链式学习方法和集成学习技术来改进 BR 方法的性能。首先介绍分类器链(classifier chain)算法,然后再给出分类器链的集成方法。

分类器链算法扩展自 BR 方法,同样包含 $|\mathbb{Y}|$ 个独立的两类分类器。然而,两者之间有两个主要的不同之处。一方面,不同于 BR 方法的并行性质,分类器链中的每个个体分类器必须按照某种标记顺序串行地训练,然后再链接起来形成一种链式结构,其中,每个个体分类器专门负责预测一个标记 $\lambda_i \in \mathbb{Y}$ 的存在与否。另一方面,对于特征空间来说,BR 方法的每个个体分类器都使用相同的特征空间进行学习,而分类器链算法的每个个体分类器则使用不同的特征空间。具体来说,在构造个体分类器 h_i 时,使用它之前的 h_1,h_2,$\cdots$,h_{i-1} 的输出扩展原来的实例特征空间。图 2-2 直观地展示了分类器链算法的链式过程以及特征空间的变化。同样地,训练完成的分类器链的预测过程也必须沿着整条链的顺序进行。

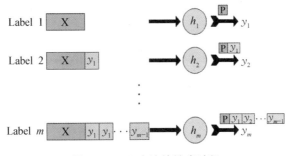

图 2-2　CC 方法的链式过程

由于分类器链算法在训练每个个体分类器时,使用它前面的标记信息扩展了原来的特征空间,这样每个个体分类器就可以学到标记之间(部分标记)的相互关系,因此,分类器链算法在一定程度上考虑了标记间相互关系,从而克服了 BR 方法的标记独立学习的缺陷。然而,链本身的标记排列顺序明显影响最终的分类性能。分类器链算法的作者提出使用集成学习框架来解决此问题,通过构造多个链式分类器,其中,每个使用不同的标记排列顺序。

集成学习是一种重要的机器学习框架。在集成学习中,同时训练出多个分类器,然后通过某种策略组合它们的输出以产生更加精确地预测。在许多应用领域中,集成学习都显示出强大的泛化能力且避免了过适配问题。在蛋白质亚细胞定位领域,集成学习也被广泛使用并取得了的良好的效果[110,111,138,139]。

区别于传统的单标记集成学习,分类器链集成属于多个多标记分类器的集成,即多个分类器链的集成。集成学习通常分为两步,首先构造多个组成分类器,然后组合它们的输出。分类器链集成也遵循这两个步骤,首先训练出 n 个分类器链分类器 CC_1,CC_2,$\cdots$,CC_n,然后再采用一种简单的策略组合它们的输出。在第一步中,使用一个随机的标记排列顺序以及原始训练数据的 bagging 采样训练每个 CC_k,以便产生差异性大的组成分类器,有利于集成的效果。在第二步中,把每个 CC_k 的预测结果按标记累加起来以获取每个标记的投票结果,然后再使用阈值技术把相关的和不相关的标记分开,相关标记就是最终的预测结果。具体来说,每个 CC_k 的预测结果用一个向量表示 $y_k = (l_1^k, \cdots, l_m^k) \in \{0, 1\}^m$,其中,$l_j^k = 1$ 表示拥有第 i 个标记,反之则没有该标记。注意这里的标记排列 1,2,$\cdots$,m 对每个 CC_k 都一样,主要是为了方便结果组合,和训练 CC_k 时的标记顺序没有任何关系。多个 CC_k 的预测向量按标记累加起来形成一个新的投票向量 $W = (l_1, \cdots, l_m) \in R^m$,$l_j = \sum_{k=1}^{n} l_j^k$,其中,每个 $l_j \in W$ 表示对第 j 个标记的投票。接着,把投票向量 W 正则化到 W^{norm},表示每个标记的得分分布。最后使用阈值技术得出最终的多标记预测集合 Y,$l_j \geqslant t$ 则对应的标记 $\lambda_j \in Y$。我们这里简单地选择阈值 $t = 0.5$。

2.3.3　利用标记相关特征的建模预测方法

上节中介绍的多标记学习算法是基于标记间相互关系的。本节介绍另外一种基于标记相关特征的多标记学习算法,LIFT 算法[126]。该算法的核心思想是:每个类标都应该有它自己独特的属性,而所有这些属性都由一个单一的实例表现出来,因此,如果能把每个标记最相关的特征,即最有判别能力的特征,提取出来用于学习过程,那么训练所得的分类器将会有更好的性能。一般来说,LIFT 算法包含两个步骤,标记相关特征的构建(label-specific features construction)和分类模型的归纳(classification models induction)。首先,对于每个标记,在它的正例和负例上分别执行聚类分析,通过查询聚类分析结果来构造每个标记的相关特征;然后,使用构造出的标记相关的特征归纳出 m 个两类分类模型,而放弃使用原来的特征。接下来详细地介绍每一步的具体处理过程。

标记相关特征的构建:对于每个标记 $\lambda_k \in \mathbb{Y}$,正例数据集 P_k 和负例数据集 N_k 被分别提取出来,分拣方法如下方程所示:

$$P_k = \{x_i \mid (x_i, Y_i) \in T, \lambda_k \in Y_i\} \tag{2-3}$$

$$N_k = \{x_i \mid (x_i, Y_i) \in T, \lambda_k \notin Y_i\} \tag{2-4}$$

分别在正例数据集 P_k 和负例数据集 N_k 上执行 $k\text{-}means$ 聚类分析,把 P_k 分割成 m_k^+ 个不相交的簇,簇的中心为 $\{p_1^k, p_2^k, \cdots, p_{m_k^+}^k\}$,同样地,把 N_k 分割成 m_k^- 个不相交的簇,簇的中心为 $\{n_1^k, n_2^k, \cdots, n_{m_k^-}^k\}$。这里设置 P_k 和 N_k 的簇为相同的数量,即,$m_k^+ = m_k^- = m_k$。聚类分析得到的簇中心点反映了实例空间的底层分布结构,可以用作标记相关特征构建的基。接下来,创建一个从原来的 d-维特征空间 $\mathbb{X}$ 到 $2m_k$-维标记相关特征空间 $\mathbb{Z}_k$ 的映射 $\phi_k: \mathbb{X} \rightarrow \mathbb{Z}_k$:

$$\phi_k(x) = [d(x, p_1^k), \cdots, d(x, p_{m_k}^k), d(x, n_1^k), \cdots, d(x, n_{m_k}^k)] \tag{2-5}$$

对每个标记 λ_k 应用映射 ϕ_k,就可以提取出与该标记相关的特征。

分类模型的归纳:LIFT 算法采用类似于 BR 的方法归纳出 m 个两类

分类器 $\{h_1^*, h_2^*, \cdots, h_m^*\}$。具体来说,对每个标记 $\lambda_k \in \mathbb{Y}$,使用如下方程创建出训练集 T_k^*:

$$T_k^* = \{(\phi_k(x_i), Y_i(k)) \mid (x_i, Y_i) \in T\} \qquad (2-6)$$

其中,$\lambda_k \in Y_i$ 时则 $Y_i(k) = +1$,否则 $Y_i(k) = -1$。任何两类学习器都可以应用到此训练集 T_k^* 上,以归纳出分类模型 $h_k^*: \mathbb{Z}_k \rightarrow \mathbb{R}$。给定一个查询蛋白质 p,它的亚细胞位置集被预测为 $Y = \{\lambda_k \mid h_k^*(\phi_k(p)) > 0, 1 \leqslant k \leqslant m\}$。原则上来说,LIFT 算法分类器归纳过程类似于 BR 方法,但是主要区别是 LIFT 算法使用每个标记的最相关特征而不是原始特征进行分类器归纳。

文献[126]指出,LIFT 算法的相关特征构造过程并非一定使用聚类分析的方式,它只是提供了一种可能的实现途径。在蛋白质亚细胞定位领域,我们发现聚类分析确实不能达到可接受的预测结果。因此,我们开发了一种 LIFT 的变体,使用皮尔逊相关系数(Pearson correlation coefficient,PCC)的方法替代聚类分析,分类模型归纳步骤同 LIFT 算法一致。皮尔逊相关系数可以提取标记最相关的特征子集,已广泛地应用于生物数据分析领域[140]。

2.4　实　验　设　置

2.4.1　数据集

在本章研究中,为了覆盖尽可能多的生物物种,我们选用 6 种不同物种的蛋白质数据集,包括真核[65]、人类[66]、植物[63]、革兰氏阳性细菌[61]、革兰氏阴性细菌[62]和病毒入侵细胞[64],它们都包含有多亚细胞位置蛋白质。这 6 个数据集中包含的蛋白质序列都是从 Swiss-Prot 蛋白质数据库(http://www.ebi.ac.uk/swissprot/)中抽取出来的。为了避免蛋白质同源

偏置的影响,使用过滤程序 CD-HIT[141]来处理每个数据集,确保每个亚细胞位置中都不包含两个同源性大于 25% 的蛋白质,同时,片断(fragment)蛋白质也被排除在外,因为其不包含完整信息,并且为了数据集更加严格,包含小于 50 个氨基酸的蛋白质也被过滤掉,因为根据统计分析表明,包含小于 50 个氨基酸的蛋白质很有可能是蛋白质片断。我们还对这些数据集做预处理,排除那些不能用 GO 方法表示的蛋白质序列。处理后的 6 个数据集的信息被描述如下:① 7 753 个真核蛋白质分布在 22 个亚细胞位置;② 3 104 个人类蛋白质分布在 14 个亚细胞位置;③ 969 个植物蛋白质分布在 12 个亚细胞位置;④ 518 革兰氏阳性细菌蛋白质分布在 4 个亚细胞位置;⑤ 1 390 个革兰氏阴性蛋白质分布在 8 个亚细胞位置;⑥ 206 个病毒蛋白质分布在 6 个亚细胞位置。表 2-1 给出了更详细的统计信息,其中,我们使用 $|S|$ 和 $L(S)$ 表示各个数据集中不同的蛋白质数量、亚细胞位置数量。除此之外,我们还引入了几种多标记数据集专用的统计属性[3],主要用于刻画多标记数据集的复杂程度,它们被描述如下:

$$LCard(S) = \frac{1}{t} \sum_{i=1}^{t} |Y_i| \qquad (2-7)$$

$$DL(S) = |\{Y|(x, Y) \in S\}| \qquad (2-8)$$

表 2-1　6 种不同物种的多位置蛋白质数据集的统计信息

Dataset	$|S|$	$L(S)$	$LCard(S)$	$DL(S)$
eukaryote	7 753	22	1.145 5	112
human	3 104	14	1.184 6	85
plant	969	12	1.079 5	32
gpos	518	4	1.007 7	7
gneg	1 390	8	1.046 0	19
virus	206	6	1.218 4	17

其中，$LCard(S)$ 表示蛋白质平均拥有的亚细胞位置数量，$DL(S)$ 表示亚细胞位置的不同组合的数量。

2.4.2　性能评价指标

多标记分类的性能评价比传统的单标记分类更加复杂，因为每个实例可以同时关联多个标记。以前的单标记分类的评价指标不能直接用来评价多标记分类系统。给定一个多标记数据集，包含 M 个蛋白质，分布在 N 个亚细胞位置。对每个蛋白质 p_i，Y_i 表示它的所有真实的亚细胞位置集合，而 Z_i 表示它的所有预测的亚细胞位置集合。本章引进四种常用的多标记评价指标来评估上文所述多标记分类算法在蛋白质亚细胞定位领域的性能，mlACC，mlPRE，mlREC 和 mlF1，它们分别被定义为：

$$mlACC = \frac{1}{M}\sum_{i=1}^{M}\frac{|Y_i \bigcap Z_i|}{|Y_i \bigcup Z_i|} \tag{2-9}$$

$$mlPRE = \frac{1}{M}\sum_{i=1}^{M}\frac{|Y_i \bigcap Z_i|}{|Z_i|} \tag{2-10}$$

$$mlREC = \frac{1}{M}\sum_{i=1}^{M}\frac{|Y_i \bigcap Z_i|}{|Y_i|} \tag{2-11}$$

$$mlF1 = 2 \times \frac{mlPRE \times mlREC}{mlPRE + mlREC} \tag{2-12}$$

其中，$mlREC$ 评估样本的平均召回率，即样本的预测标记中正确的标记占样本的真实标记集的平均比例，$mlREC$ 更偏向于容易过预测的多标记算法，即预测更多的标记给样本；$mlPRE$ 评估样本的平均精确度，即样本的预测标记中正确的标记占样本的预测标记集的平均比例，$mlPRE$ 更偏向于容易欠预测的多标记算法，即预测更少的标记给样本；$mlF1$ 和 $mlACC$ 综合考虑上述两个评价指标，$mlF1$ 是 $mlREC$ 和 $mlPRE$ 的调和平均值，而

mlACC 表示多标记正确率,避免过评估和欠评估的影响。对于上述四种评价指标,取值越大,表明多标记算法的性能越好。

2.4.3 实验配置

为了评估多标记建模预测方法在蛋白质亚细胞多位置预测时的性能,我们把它们和两个基线方法进行比较。一个是 Binary Relevance(BR)方法[7],它把多标记问题转换为多个独立的两类分类问题,正如本章第 2.3.1 节所述,由于它忽略了标记间的相互关系,因此,可能无法取得较好的预测结果。另一个是 Chou 等人开发的多标记最近邻(MLKNN)方法[50],已经被用在了真核[50]、人类[67]、植物[68]、革兰氏阳性细菌[71]、革兰氏阴性细菌[69]和病毒[70]的蛋白质亚细胞多位置预测中,取得了当时蛋白质亚细胞多位置预测的最好结果。为了公平和简便,我们使用线性支持向量机作为 BR,ECC 和 LIFT_PCC 的基分类器。因为本章的目的是研究多标记建模预测方法在蛋白质亚细胞多位置预测中的效果,因此,为了公平,合理的做法是让每种比较算法都使用相同的蛋白质特征表示方法。本章实验中每种比较算法都采用本章第 2.2 节所述的基于 GO 的特征抽取方法。

为了节省计算时间,我们采用重复执行 10 倍交叉验证 10 次的测试方式。具体来说,首先将数据集随机划分为大小均匀的十份子集,在每一倍的实验中,取其中一份作为测试集而将剩下的九份作为训练集,不断重复直到每份子集都作为测试集被测试了一次。上述过程重复执行 10 次,最终将 10 次 10 倍交叉验证测试所得的平均评价指标值用于算法的性能度量。

2.5 实验结果和分析

表 2-2—表 2-7 分别报告了在 6 个不同物种的蛋白质数据集上的实

验结果,其中,在每个数据集上基于不同评价指标的最好结果用粗体显示。
从表 2-2—表 2-7 的实验结果中,我们可以得到以下观察:

表 2-2　真核蛋白质数据集上各个算法的测试结果

Measure	Algorithm			
	BR	ECC	LIFT_PCC	MLKNN
mlACC	0.767 7	**0.790 2**	0.774 9	0.765 9
mlPRE	0.789 5	**0.813 0**	0.794 9	0.801 2
mlREC	0.806 3	**0.833 2**	0.826 9	0.798 1
mlF1	0.787 8	**0.812 2**	0.798 7	0.788 5

表 2-3　人类蛋白质数据集上各个算法的测试结果

Measure	Algorithm			
	BR	ECC	LIFT_PCC	MLKNN
mlACC	0.756 9	**0.791 3**	0.762 3	0.749 5
mlPRE	0.787 9	**0.824 9**	0.793 3	0.801 5
mlREC	0.797 8	**0.840 4**	0.822 8	0.786 6
mlF1	0.780 9	**0.819 1**	0.792 5	0.779 0

表 2-4　植物蛋白质数据集上各个算法的测试结果

Measure	Algorithm			
	BR	ECC	LIFT_PCC	MLKNN
mlACC	0.715 1	**0.770 5**	0.741 6	0.727 7
mlPRE	0.732 0	**0.790 2**	0.758 6	0.754 0
mlREC	0.732 4	**0.795 8**	0.771 2	0.743 8
mlF1	0.726 6	**0.785 7**	0.757 3	0.742 0

表 2－5　革兰氏阳性细菌蛋白质数据集上各个算法的测试结果

Measure	Algorithm			
	BR	ECC	LIFT_PCC	MLKNN
mlACC	0.925 0	**0.947 2**	0.939 4	0.927 1
mlPRE	0.928 6	**0.951 1**	0.942 1	0.930 9
mlREC	0.931 0	**0.949 8**	0.944 4	0.927 3
mlF1	0.928 2	**0.949 4**	0.942 0	0.928 4

表 2－6　革兰氏阴性细菌蛋白质数据集上各个算法的测试结果

Measure	Algorithm			
	BR	ECC	LIFT_PCC	MLKNN
mlACC	0.932 2	**0.944 9**	0.943 9	0.921 7
mlPRE	0.944 9	**0.958 2**	0.955 4	0.936 9
mlREC	0.941 0	**0.958 2**	0.953 1	0.930 1
mlF1	0.939 4	**0.953 8**	0.950 8	0.929 6

表 2－7　病毒蛋白质数据集上各个算法的测试结果

Measure	Algorithm			
	BR	ECC	LIFT_PCC	MLKNN
mlACC	0.861 7	0.872 5	**0.875 5**	0.824 3
mlPRE	0.882 3	0.897 0	**0.904 6**	0.874 7
mlREC	0.885 4	0.895 4	**0.898 2**	0.856 8
mlF1	0.876 7	0.888 3	**0.892 1**	0.851 7

（1）在所有 6 个不同物种的蛋白质数据集上，基于所有的性能评价指标，BR 和 MLKNN 表现出最差性能。这是因为 BR 和 MLKNN 都是简单

的问题转换方法,没有考虑标记间相互关系。

(2) 基于所有的性能评价指标,ECC 在几乎所有数据集上都获得了最好的预测性能。具体来说,在病毒、革兰氏阳性和阴性数据集上,ECC 在所有性能评价指标上的预测性能和 LIFT_PCC 相当,而在其他三个数据集上,ECC 的预测性能有绝对的优势。因此,从上述 2 项观察中可以看出,多标记学习算法通常可以帮助改进蛋白质亚细胞多位置预测的性能。而且,通过利用标记间相互关系的 ECC 表现出比利用标记相关特征的 LIFT_PCC 更好的性能。

(3) 具体来说,ECC 和 LIFT_PCC 在性能评价指标 mlACC,mlPRE,mlREC 和 mlF1 上分别获得了 5%、4%、6% 和 4% 的性能改进。

本章引入多标记学习技术到蛋白质亚细胞位置预测领域,正如实验结果所示,与目前最好结果相比,性能改进最多达到 6%。这确认了我们的推测:多标记学习技术可以帮助改进蛋白质亚细胞多位置预测的性能。从方法上,我们比较了两类代表性多标记学习算法,利用标记间相互关系和利用标记相关特征。在蛋白质亚细胞多位置预测领域,利用标记间相互关系方法的预测性能在真核、人类和植物蛋白质数据集上超过了利用标记相关特征方法,而在其他三个物种上预测性能相当。出现这种情况的原因可能有以下两个方面:

(1) 利用标记相关特征的方法旨在为每个标记构造最相关的特征,然后基于这些新构造的特征训练出泛化能力更强的预测模型。可是,因为我们使用基于 GO 的蛋白质特征抽取方法来向量化蛋白质,这种特征已经很好地反映了它们的亚细胞位置,因此,很难再构造出与每个亚细胞位置更相关的特征。从实验结果中也可以看出,利用标记相关特征的方法 LIFT_PCC 和 BR 方法相比,预测性能的改进并不是很大。

(2) 从表 2-2—表 2-7 中可以看出,真核、人类和植物数据集的蛋白质,亚细胞位置和不同亚细胞位置组合的数量都要更大于其他三个数据集,由此可知,前三个数据集的亚细胞位置之间的相互关系要远复杂于后三个数据集。因此,利用标记间相互关系的方法在前三个数据集上可以表现出更大的优势。这也反过来解释了为什么利用标记相关特征方法的性能在前三个数据集上要差于利用标记间相互关系的方法,而在后三个数据集上性能相当。

2.6 真核蛋白质多位置预测器

从上面的比较分析可以看出,利用标记间相互关系的多标记方法可以有效地提高蛋白质的亚细胞多位置预测性能,因此,本节使用该算法作为预测引擎来构建真核细胞蛋白质多位置预测器。由于并不是所有蛋白质都能由 GO 特征抽取方法表示成特征向量形式供算法所用,因此,对于不能表示成 GO 特征向量的蛋白质,我们采用基于二肽组成的特征抽取方法表示蛋白质,结合该预测引擎构造备份预测器以便所有蛋白质都能得到预测结果。完整的预测器叫做 Euk-ECC-mPLoc,图 2-3 演示了它的整个预测流程。为了方便生物学家使用,我们还提供一个在线预测服务网站(对于在线生物信息预测服务平台的构建,请参见第 6 章)http://levis.tongji.edu.cn:8080/bioinfo/Euk-ECC-mPLoc/。

表 2-8 给出了 Euk-ECC-mPLoc 的 jackknife 测试结果。从表 2-8 中可以看出,Euk-ECC-mPLoc 的平均亚细胞位置 jackknife 正确率是69.70%,比目前最好预测器 iLoc-Euk 的结果高出 19 个百分点。与此同时,Euk-ECC-mPLoc 获得了 81.54% 的总的亚细胞位置 jackknife 正确率,高出 iLoc-Euk 大约 3 个百分点。具体到每个亚细胞位置来说,Euk-ECC-mPLoc 在大部分亚细胞位置上都取得了满意的预测性能,而 iLoc-Euk 的性能却不稳定,比如,在亚细胞位置 acrosome, endosome, hydrogenosome,

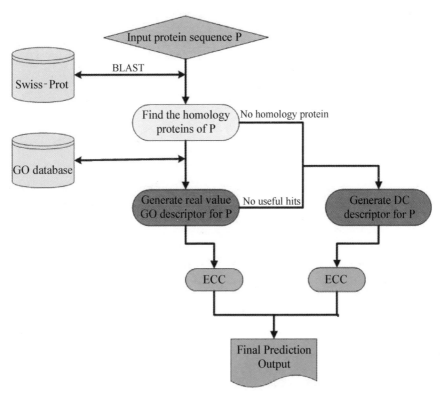

图 2‐3　Euk-ECC-mPLoc 的完整预测流程

melanosome 和 microsome 上,预测性能非常差。这表明 Euk-ECC-mPLoc
比 iLoc-Euk 更加均衡。每个位置的预测精度主要受位于该位置的蛋白质
的多位置复杂度影响。粗略地讲,一个位置中具有的多位置蛋白质越多,
它越难取得高的预测精度。例如,在亚细胞位置 melanosome 和 synapse
中,分别有大约 32% 和 60% 的蛋白质属于多个亚细胞位置,iLoc-Euk 仅仅
获得了 2.13% 和 38.30% 的正确率。可是,Euk-ECC-mPLoc 却达到了
53.19% 和 46.81% 的正确率,比 iLoc-Euk 高出了 51% 和 8%。这主要是
因为 Euk-ECC-mPLoc 的预测引擎考虑了亚细胞位置之间依赖关系,而
iLoc-Euk 仅仅把每个位置单独对待,忽略了这种依赖关系。因此,Euk-
ECC-mPLoc 取得了比 iLoc-Euk 更好的性能。

表 2 - 8　Euk-ECC-mPLoc 和 iLoc-Euk 的 jackknife 测试结果比较

Order	Subcellular location	Success rate by jackknife test	
		iLoc-Euk	Euk-ECC-mPLoc
1	Acrosome	7.14%	71.43%
2	Cell membrane	80.49%	79.20%
3	Cell wall	16.33%	51.02%
4	Centrosome	69.79%	66.67%
5	Chloroplast	87.79%	87.01%
6	Cyanelle	64.56%	60.76%
7	Cytoplasm	76.72%	77.77%
8	Cytoskeleton	27.34%	28.78%
9	Endoplasmic reticulum	89.06%	87.96%
10	Endosome	7.32%	36.59%
11	Extracellular	90.46%	91.60%
12	Golgi apparatus	63.39%	69.29%
13	Hydrogenosome	0.00%	90.00%
14	Lysosome	31.58%	73.68%
15	Melanosome	2.13%	53.19%
16	Microsome	0.00%	38.46%
17	Mitochondrion	77.05%	83.11%
18	Nucleus	87.93%	87.28%
19	Peroxisome	54.55%	85.45%
20	Spindle pole body	66.18%	83.82%
21	Synapse	38.30%	46.81%
22	Vacuole	71.76%	83.53%
	Average	50.45%	69.70%
	Overall	79.06%	81.54%

2.7　病毒蛋白质多位置预测器

病毒是一种侵入其他生物体细胞的微小颗粒。作为一种无细胞生物体,病毒必须通过侵入其他细胞内才能维持生存及繁殖自身。虽然病毒本身没有细胞环境,但是病毒蛋白质必须位于宿主细胞或病毒入侵细胞中的相应细胞器中才能执行它们的功能。因此,知道病毒蛋白质在宿主细胞中的具体位置对于研究它们的功能和设计抗病毒药物有极其重要的作用。由于病毒蛋白质也可能位于多个亚细胞位置,因此,基于本章分析结果和第 2.6 节的预测流程,我们建立了专门针对病毒蛋白质的预测器 Virus-ECC-mPLoc。表 2-9 给出了 Virus-ECC-mPLoc 的 jackknife 预测结果。从表 2-9 可以看出,Virus-ECC-mPLoc 的预测结果显著地超过了目前最好预测器 iLoc-Virus 的结果。同样地,我们也提供了一个在线预测服务网站(详见第 6 章)http：//levis. tongji. edu. cn：8080/bioinfo/Euk-ECC-mPLoc/,为该领域的发展提供了高效的工具。

表 2-9　Virus-ECC-mPLoc 和 iLoc-Virus 的 jackknife 测试结果比较

Order	Subcellular location	Success rate by jackknife test	
		iLoc-Virus	Virus-ECC-mPLoc
1	Viral capsid	100.0%	100.0%
2	Host cell membrane	78.8%	90.9%
3	Host endoplasmic reticulum	75.0%	70.0%
4	Host cytoplasm	79.3%	86.2%
5	Host nucleus	88.1%	91.7%
6	Secreted	75.0%	80.0%
	Average	82.7%	86.5%
	Overall	82.1%	86.9%

2.8 本章小结

蛋白质可以同时位于或移动于两个及两个以上的亚细胞位置。大部分已有的预测方法仅能预测蛋白质的单个亚细胞位置,它们并不考虑蛋白质的多个亚细胞位置或者假设不存在。本章利用多标记学习技术来预测蛋白质的多个亚细胞位置,主要创新性在于:

(1)首次把多标记学习技术引入蛋白质亚细胞定位领域,形式化蛋白质多亚细胞位置预测为一个多标记分类任务。实验结果表明,多标记学习方法取得了显著优于目前最好方法的结果,显示出多标记学习技术的有效性,并为今后蛋白质亚细胞定位研究提供了重要的参考价值和方法学工具。

(2)由于蛋白质的多位置特性,使得传统的评估两类或多类的评价指标不能准确地反映预测算法的性能。本章引入四种新颖的评价指标,即 $mlACC$, $mlPRE$, $mlREC$ 和 $mlF1$,来评估多标记蛋白质预测算法的性能。这四种指标可以作为多标记生物数据识别方法的通用评价指标。

(3)通过比较两种有代表性的多标记分类算法,发现利用标记间相互关系的方法取得了比利用标记相关特征的方法更好的性能。该发现表明利用标记间相互关系的方法更适合蛋白质亚细胞多位置预测领域,为以后的进一步研究奠定了基础。

(4)为了把本章的研究成果转化为实际应用,服务于广大生物学家,我们为两个生物体,即真核与病毒,分别构造了各自专用的多位置蛋白质预测器,并提供了在线预测服务网站。

第*3*章

基于随机标记选择的蛋白质
亚细胞多位置预测

3.1 本 章 引 言

第 2 章中我们采用基于 GO 的特征表示方法,取得了很好的预测性能。
但是,当蛋白质不能由基于 GO 的方法表示时,第 2 章提出的方法将不能得
到满意的结果。主要有两种情形使蛋白质无法采用基于 GO 的特征表示方
法:① 蛋白质本身在 GO 数据库中没有相应的 GO terms 标注;② 蛋白质
的同源蛋白质在 GO 数据库中也没有相应的 GO terms 标注。这些蛋白质
通常是新合成或新发现的蛋白质,我们对它们的结构和功能知之甚少,获
知它们的亚细胞位置就显得特别重要。因此,本章主要关注这类新颖蛋白
质的亚细胞多位置预测。既然不能使用 GO 方法,那么我们就采用其他基
于序列的特征表示方法,对于这类新颖蛋白质也可以提取出相应的特征。
本章采用伪氨基酸组成和序列进化信息的融合来提取蛋白质的特征。

除了采用了伪氨基酸组成和序列进化信息来提取蛋白质特征外,为了
取得更好的预测性能,本章提出一种新颖的预测方法 RALS(multi-label
learning via RAndom Label Selection)。该方法主要扩展自简单的 BR 方

法,同时采用一种高效地方法利用亚细胞位置间的相互关系。RALS 并不是显式地寻找亚细胞位置间的相互关系,而是借助集成学习的思想间接地利用这种关系。具体来说,对每个标记,通过随机地选择一部分标记作为额外输入特征,训练出多个两类分类器,然后通过多数投票机制融合这些利用了部分标记间关系的分类器的决策输出。实验结果表明:① 本章所提方法 RALS 明显地优于基线 BR 方法,表明 RALS 高效地利用了标记间关系并大幅度地提升了了预测性能;② RALS 结合伪氨基酸组成和序列进化信息组成的预测器,对新颖蛋白质的亚细胞多位置预测性能显著地超过了其他已有的方法。

接下来首先介绍所采用的两种基于序列的特征表示方法,然后详细描述所提预测方法,接着给出了实验结果和分析,最后总结本章工作。

3.2　特　征　表　示

3.2.1　伪氨基酸组成 PseAAC

为了避免损失蛋白质序列中的序列顺序信息,Chou[40,142] 提出伪氨基酸组成(PseAAC)来代替传统的氨基酸组成(AAC)。自从 2001 年伪氨基酸组成的概念被提出以来,它已经快速地渗透到蛋白质属性预测的多个领域,例如,识别细菌毒性蛋白质(bacterial virulent proteins)[143],预测蛋白质的超二级结构(supersecondary structure)[144],预测蛋白酶家族和子家族类别(enzyme family and sub-family classes)[145,146],预测蛋白质亚线粒体位置(protein submitochondria locations)[147,148],等等。伪氨基酸组成向量化蛋白质为$(20+\xi \cdot \lambda)$维的特征向量,其中,前 20 维是传统的氨基酸组成,而后 $\xi \cdot \lambda$ 维表示蛋白质氨基酸序列间的序列顺序信息。伪氨基酸组成向量中的特征维数由两个重要的参数控制:选出的氨基酸指数数量(ξ)以及蛋白质序列中的最大相关层数(λ)。在本章研究中,我们选取以下 6 种氨基酸指数($\xi=6$)用来计算蛋白质氨基酸序列间的相关因子:① hydrophobicity[149];② hydrophilicity[150];③ mass;④ pK (alpha-COOH);⑤ pK (NH3)以及⑥ pI (at 25℃)。对于最大相关层数(λ),需要注意的是 λ 必须小于训练集中最短蛋白质序列的长度。在 $\lambda=0$ 的极端情况下,伪氨基酸组成退化为传统的氨基酸组成。在本章研究中,我们把最大相关层数(λ)的值设置为 4。由此可得,PseAAC 特征的维数为 $20+6\times4=44$。

3.2.2　基于自动协方差转换的位置相关得分矩阵 PSSM-AC

为了抽取蛋白质序列的进化信息,位置相关得分矩阵(PSSM)的概念被提出。PSSM 相关的特征已经广泛应用到生物信息学的各个领域,例如,预测蛋白质紊乱(protein disorder)[151],预测 RNA 绑定位点(RNA binding sites)[152,153],预测蛋白质亚细胞位置[154],等等。通过使用 PSI-BLAST 工具程序[155]迭代搜索 Swiss-Prot 数据库,我们可以获取蛋白质序列的 PSSM,其中迭代次数为三次,每次迭代中 e-value cutoff 阈值都被设置为 0.001。一个长度为 L 的蛋白质序列的 PSSM 被表示为一个 L 行$\times20$ 列的矩阵。PSSM 矩阵的第(i,j)个元素的含义是:在蛋白质的进化过程中,蛋白质序列的第 i 个位置的氨基酸产生突变转换为另一种氨基酸类型 j 的统计得分。注意在具体应用中,还需要对 PSSM 进行标准化处理,获取标准化 PSSM,符号表示为 $P_{\text{norm-pssm}}=(S_{i,j})_{L\times20}$。

可是,长度不等的蛋白质序列会生成行数不等的 PSSM 矩阵。为了从这些行数不等的 PSSM 矩阵中生成相同大小的特征向量,我们使用一个 20 维的特征向量 $P_{\overline{\text{norm-pssm}}}$ 来表示蛋白质序列,

$$P_{\overline{\text{norm-pssm}}}=[\overline{S_1},\ \overline{S_2},\ \overline{S_3},\ \cdots,\ \overline{S_{20}}]^{\text{T}} \qquad (3-1)$$

其中,

$$\overline{S_j} = \frac{1}{L}\sum_{i=1}^{L} S_{i,j}\,(j=1,\,2,\,\cdots,\,20) \qquad (3-2)$$

$\overline{S_j}$ 的含义是：在蛋白质的进化过程中，蛋白质序列的所有氨基酸产生突变转换为另一种氨基酸类型 j 的平均得分。同 PseAAC 的概念一样，为了避免损失 PSSM 矩阵中的序列顺序信息，我们在 PSSM 矩阵的每一列上应用自动协方差转换 Auto Covariance（AC）transformation[156] 来抽取序列顺序信息，符号表示为 ϕ_j^λ，

$$\phi_j^\lambda = \frac{1}{L-\lambda}\sum_{i=1}^{L-\lambda}(S_{i,j} - \overline{S_j}) \times (S_{i+\lambda,\,j} - \overline{S_j})\,(j=1,\,2,\,\cdots,\,20) \qquad (3-3)$$

其中，ϕ_j^λ 的含义是：相对于氨基酸类型 j 的第 λ 层 PSSM 得分之间的平均 AC 相关因子。相似于 PseAAC，PSSM-AC 中的 λ 同样也表示最大相关层数。通过融合蛋白质序列进化信息和序列顺序信息，PSSM-AC 最终向量化蛋白质为 $(20+20 \cdot \lambda)$ 维的特征向量 $P_{\text{pssm-ac}}$，

$$P_{\text{pssm-ac}} = [\,\overline{S_1},\,\cdots,\,\overline{S_{20}},\,\phi_1^1,\,\cdots,\,\phi_{20}^1,\,\cdots,\,\phi_1^\lambda,\,\cdots,\,\phi_{20}^\lambda\,]^{\mathrm{T}} \qquad (3-4)$$

在本章研究中，我们把最大相关层数（λ）的值设置为 2。由此可得，PSSM-AC 特征的维数为 $20+20 \times 2 = 60$。

3.3　基于随机标记选择的建模预测算法 RALS

给定一包含 N 个多标记样本（本章中表示多位置蛋白质）的训练集 $D = \{(x_i,\,Y_i)\,|\,1 \leqslant i \leqslant N\}$，其中，$x_i \in \mathbb{X}$ 为从一蛋白质样本中抽取出的 d 维特征向量，$Y_i \in \mathbb{Y}$ 为与 x_i 关联的标记集合（本章中表示亚细胞位置集合）。$\mathbb{X} = \mathbb{R}^d$ 表示整个样本空间，$\mathbb{Y} = \{1,\,2,\,\cdots,\,q\}$ 表示所有不同的标记

集合。在后面的算法描述部分,为了方便,我们都用样本来指代蛋白质,标记指代亚细胞位置,不再重复说明。为了后面表述方便,样本 x 所属的标记集合被重新表示为一个大小为 q 的二值向量 $y = [y^1, y^2, \cdots, y^q]$,其中,如果第 i 个标记与样本 x 关联,则 $y^i = 1$,否则 $y^i = 0$。相应地,训练集 D 可以被重写为 $D = \{(x_i, y_i) \mid 1 \leqslant i \leqslant N\}$,其中,$x_i$ 仍然如前所述表示一个样本,二值向量 y_i 表示样本 x_i 与标记的关联情况,$y_i^j (1 \leqslant j \leqslant q)$ 表示是否第 j 个标记与样本 x_i 相关。

多标记学习的目标是从训练集中学到一个多标记分类器 $h: \mathbb{X} \to 2^Y$ 致使 $h(x_i) = y_i (i = 1, 2, \cdots, N)$ 并且可以很好地推广到未见样本。Binary Relevance(BR) 是一种简单且直观的方法,把一多标记分类问题分解为 q 个独立的两类分类问题,每个标记对应其中一个。因此,BR 方法输出一个多标记分类器 h_{br},其中包含 q 个独立的两类分类器,每一个对应一个标记,即,$\{h_{br}^1, h_{br}^2, \cdots, h_{br}^q\}$。用于训练每一个两类分类器 h_{br}^i 的训练集 D_{br}^i 根据下面的公式进行收集:

$$
\begin{cases}
D_{br}^{i+} = \{x_j \mid (x_j, y_j) \in D, y_j^i = 1\} \\
D_{br}^{i-} = \{x_j \mid (x_j, y_j) \in D, y_j^i = 0\}
\end{cases}
\tag{3-5}
$$

其中,D_{br}^{i+} 表示原始训练集 D 中拥有标记 i 的样本子集,即标记 i 的正样本集,D_{br}^{i-} 是原始训练集 D 中没有标记 i 的样本子集,即标记 i 的负样本集。在预测阶段,每个分类器 h_{br}^i 输出 0 或 1,表示测试样本是否拥有分类器对应的标记,输出 1 为有该标记,0 则没有。所有分类器都预测完毕后,就可以得到该测试样本的二值标记向量。

虽然 BR 方法概念上非常简单并且容易实现,但是已经证明它很难达到令人满意的性能,因为独立的为每个标记建模,并没有考虑标记间相互关系。我们的目标就是高效地利用标记间相互关系以便更好地预测样本的多个标记。

本章提出一种基于 BR 方法的新颖的方法 RALS(multi-label learning via RAndom Label Selection)，可以高效地利用标记间相互关系。不同于其他的多标记分类方法，RALS 并不试图显式地寻找标记间关系，因为这样对于大规模的数据集来说是训练上低效和不可行的。我们尝试使用集成学习的思想解决这一问题。具体来说，在训练阶段，RALS 的工作方式类似于 BR 方法，就是说，同样也把多标记分类问题分解为多个两类分类问题。但是与 BR 方法不同的是，并不是像 BR 方法那样，为每个标记训练仅仅一个分类器，RALS 通过利用标记间相互关系，为每个标记训练多个分类器的集成，集成中的每个分类器都利用了标记间的部分相互关系，通过集成的过程，就可以把多个标记间的部分相互关系融合起来，以达到高效利用标记间关系的目的，同时又不用显式地寻找它们之间的最优关系。

为每个标记 i 构造分类器集成的具体过程如下所示：

（1）通过无放回随机采样的方法从除了标记 i 以外的其他 $q-1$ 个标记中选择 k 个标记。选择过程重复 m 次，形成 m 个标记子集。

（2）把上面随机选出的 m 个标记子集分别加入原始训练集 D_{br}^i 的特征集合中，因而构成 m 个不同的训练集 $D_{rals}^{i,j}(1 \leqslant j \leqslant m)$，每个训练集用于训练分类器集成中的一个组成分类器。把标记子集加入特征集合中的目的是通过扩展原有的特征空间，可以学出其他标记和目标标记之间的相互关系。

（3）通过把每个训练集 $D_{rals}^{i,j}(1 \leqslant j \leqslant m)$ 输入给基学习器，训练出相对于标记 i 的每个组成分类器 $h_{rals}^{i,j}$，最终就得到该标记 i 的分类器集成。

图 3-1 给出了 RALS 的完整训练过程的伪代码。

在预测阶段，给定一测试样本 $\bar{x}$，对应于每个标记 i 的分类器集成中的每个组成分类器 $h_{rals}^{i,j}$ 给出该标记 i 的预测结果，$h_{rals}^{i,j}$ 输出 1 表示 $\bar{x}$ 拥有该标记 i，否则输出 0。接下来，RALS 计算所有组成分类器对标记 i 的预测结果的平均值,并通过多数投票机制融合这些组成分类器的决策以给出最终决策。RALS 的详细预测过程的伪代码显示在图 3-2 中。

Input:

D: the multi-label training set $\{(x_i, y_i) \mid 1 \leqslant i \leqslant N\}$ $(x_i \in \mathbb{X}, \mathbb{X} = \mathbb{R}^d, y_i \in \{0, 1\}^q)$

Φ: the base binary learner

k: the number of labels to be selected randomly

m: the number of classifiers to be constructed using Φ for each label

Output:

h_{br}: q initial classifiers $\{h_{br}^i \mid 1 \leqslant i \leqslant q\}$ using the binary relevance method

m: the number of final classifiers for each label

h_{rals}: $q \times m$ final classifiers $\{h_{rals}^{i,j} \mid 1 \leqslant i \leqslant q, 1 \leqslant j \leqslant m\}$

sl_{rals}: $q \times m$ labelsets $\{sl_{rals}^{i,j} \mid 1 \leqslant i \leqslant q, 1 \leqslant j \leqslant m\}$ each corresponding to $h_{rals}^{i,j}$

　　// *constructing* q *initial classifiers using the binary relevance method*

1: **for** $i=1$ **to** q **do**

2:　　Generate D_{br}^i according to Equation 1;

3:　　Build h_{br}^i by training Φ on D_{br}^i, i. e., $h_{br} \leftarrow \Phi(D_{br}^i)$;

4: **end for**

5: $m=\min\left(m, \binom{q-1}{k}\right)$;

　　// constructing $q \times m$ final classifiers

6: $L \leftarrow \{1, 2, \cdots, q\}$;

7: **for** $i=1$ **to** q **do**

8:　　$L_i \leftarrow L \backslash i$;

9:　　**for** $j=1$ **to** m **do**

10:　　　Select k labels $\{l_1, l_2, \cdots, l_k\}$ from L_i randomly, then $sl_{rals}^{i,j} \leftarrow \{l_1, l_2, \cdots, l_k\}$;

　　　　// generate the new training set

11:　　　$D_{rals}^{i,j} \leftarrow \{\}$;

12:　　　**for** $(x, y) \in D$ **do**

13:　　　　$x' \leftarrow [x_1, x_2, \cdots, x_d, y^{l_1}, y^{l_2}, \cdots, y^{l_k}]$;

14:　　　　$D_{rals}^{i,j} \leftarrow D_{rals}^{i,j} \bigcup (x', y^i)$;

15:　　　**end for**

16:　　Build $h_{rals}^{i,j}$ by training Φ on $D_{rals}^{i,j}$, i. e., $h_{rals}^{i,j} \leftarrow \Phi(D_{rals}^{i,j})$;

17:　　**end for**

18: **end for**

19: **return** h_{br}, m, h_{rals}, sl_{rals};

图 3-1　RALS 的训练过程伪代码

Input：
    h_{br}：q initial classifiers $\{h_{br}^i \mid 1 \leqslant i \leqslant q\}$ using the binary relevance method
    m：the number of final classifiers for each label
    h_{rals}：$q \times m$ final classifiers $\{h_{rals}^{i,j} \mid 1 \leqslant i \leqslant q, \ 1 \leqslant j \leqslant m\}$
    sl_{rals}：$q \times m$ labelsets $\{sl_{rals}^{i,j} \mid 1 \leqslant i \leqslant q, \ 1 \leqslant j \leqslant m\}$ each corresponding to $h_{rals}^{i,j}$
    $\bar{x}$：the unseen instance
Output：
    $\hat{y}$：the multi-laberl prediction vector for the unseen instance $\bar{x}$
    // obtain the initial prediction result
1：**for** $i=1$ **to** q **do**
2： $\check{y}^i \leftarrow h_{br}^i(\bar{x})$；
3：**end for**
    //obtain the final prediction result
4：**for** $i=1$ **to** q **do**
5： $sum \leftarrow 0$；
6：   **for** $j=1$ **to** m **do**
7： $u \leftarrow [u, \check{y}^{sl_{rals}^{i,j}}]$；
8： $sum \leftarrow sum + h_{rals}^{i,j}(u')$；
9：   **end for**
10： $avg \leftarrow sum/m$；
11： **if** $avg \geqslant 0.5$ **then**
12： $\hat{y}^i \leftarrow 1$；
13： **else**
14： $\hat{y}^i \leftarrow 0$；
15： **end if**
16：**end for**
17：**return** $\hat{y}$；

图 3-2　RALS 的预测过程伪代码

值得指出的是,RALS 在为每个标记构建分类器集成时都利用了其他标记来扩展原有的特征空间。换句话说,当 RALS 为测试样本做预测时,首先必须扩展测试样本的特征空间,以保证和分类器集成中的每个组成分类器一致。因为测试样本事先并不知道自己的标记信息,这也正是我们想要预测的,所以 RALS 必须先评估出测试样本的初始标记信息,然后再利用这些初始标记扩展它的特征空间,交给 RALS 做二次预测,以得到更加

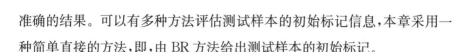

准确的结果。可以有多种方法评估测试样本的初始标记信息,本章采用一种简单直接的方法,即,由 BR 方法给出测试样本的初始标记。

3.4　实　验　设　置

在本节中,我们详细地介绍实验设置。首先,我们简要描述本章实验所采用的两个数据集;接着,我们给出比较算法的具体参数配置。

3.4.1　数据集

本章实验采用两个蛋白质数据集,它们都包含多位置蛋白质。在接下来的实验中,它们被分别表示为 MultiLoc-Euk 和 DBMLoc。

MultiLoc-Euk 数据集[50]:该数据集包含 7 766 个不同的真核蛋白质,分布在 22 个亚细胞位置,其中,6 687 个蛋白质位于 1 个亚细胞位置,1 029 个蛋白质位于 2 个亚细胞位置,48 个蛋白质位于 3 个亚细胞位置,2 个蛋白质位于 4 个亚细胞位置,没有蛋白质位于 5 个及其以上的亚细胞位置。该数据集中位于同一个位置的蛋白质间的序列相似度<25%。

DBMLoc 数据集[157]:该数据集最初包含 10 470 个多位置蛋白质,它们的亚细胞位置都是经过实验验证或是从文献中抽取出来的。为了避免数据集中的冗余性和不均衡性的影响,我们从整个原始数据集中抽取了一部分蛋白质作为独立验证数据集。详细的抽取过程如下[79]:

(1) 首先,我们从原始数据集中抽取序列相似度<80% 的蛋白质。之所以选择 80% 的序列相似度,是因为某些位置仅有数量有限的蛋白质。如果阈值选取过低,某些位置会仅剩很少的蛋白质,甚至没有,这会进一步增大数据集的不均衡性。

(2) 然后,我们仅仅选择拥有>100 个蛋白质的亚细胞多位置组合:细胞质(cytoplasm)和细胞核(nucleus),细胞外间隙(extracellular space)和细胞质膜(plasma membrane),细胞质(cytoplasm)和细胞质膜(plasma membrane),细胞质(cytoplasm)和线粒体(mitochondrion),细胞核(nucleus)和线粒体(mitochondrion),内质网(endoplasmic reticulum)和细胞外间隙(extracellular space),细胞外间隙(extracellular space)和细胞核(nucleus)。

最后,该独立验证数据集包含3 056个多位置蛋白质。

3.4.2 参数配置

支持向量机已经广泛并成功地应用到蛋白质亚细胞预测领域[39,46,104,106,107]。基于此,在本章研究中,我们也选用支持向量机作为我们提出的方法 RALS 的基分类器 Φ,同时采用 LIBSVM 软件包[158]训练支持向量机。本章选用 RBF 核并且使用网格搜索获取最优参数,其中 RBF 核的参数 γ 和 C 的调优范围分别设置为:从 0.1 到 0.9,间隔为 0.1 和 (1, 10, 100, 1 000)。调优后,我们获取的最优 RBF 核的参数 $\gamma=0.4$ 和 $C=10$,该参数组合在本章研究中产生最好的性能。

3.5　实验结果和分析

本节展示了实验结果和分析。首先,我们研究参数设置对 RALS 算法的性能影响。其次,我们使用 MultiLoc-Euk 数据集对 RALS 算法和基线 BR 算法的性能进行比较。接着,我们使用 5 - fold 交叉验证和独立验证测试对本章提出方法和其他已有方法的性能进行比较。最后,我们进一步研究蛋白质数据集的多位置复杂度对评估方法的性能影响。

3.5.1　RALS 参数对性能的影响

在本节中,我们研究参数设置对 RALS 算法的性能影响。如前所述,RALS 算法存在 2 个参数:随机选择的标记数量(k)和模型数量(m)。本节使用 MultiLoc-Euk 数据集作为基准测试数据集。在本节第一部分,我们首先考察随机选择的标记数量(k)对 RALS 的性能影响。图 3-3 展示了 RALS 算法基于总精度(ACC)评价指标的性能变化曲线,其中随机选择的标记数量(k)的取值由 3 增加到 21($q-1$),以间隔 3 递增,并且模型数量(m)固定到 10。从图 3-3 中可以看出,基于总精度(ACC)评价指标,随着随机选择的标记数量(k)的增加,RALS 的性能曲线首先上升,然后直到随机选择的标记数量(k)近似等于总标记数量(q)的一半时,开始下降。换句话说,当随机选择的标记数量(k)近似等于总标记数量(q)的一半时,RALS 算法基于总精度(ACC)评价指标的性能达到最好结果。出现这种情况的主要原因是随机选择的标记数量(k)过少的话不能完全捕获标记间关系,而过多的话又过捕获了标记间关系。因此,显然挑选中等数量的标记是合

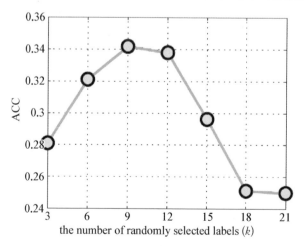

图 3-3　**MultiLoc-Euk 数据集上 RALS 随 k 的增加的性能变化曲线,m 固定为 10**

适的选择。

除了随机选择的标记数量(k)之外,RALS 算法的另外一个参数是模型数量(m)。类似于第一个参数的实验配置,我们考察模型数量(m)对 RALS 算法的性能影响。图 3-4 展示了 RALS 算法基于总精度(ACC)评价指标的性能变化曲线,其中模型数量(m)的取值由 2 增加到 20,以间隔 2 递增,并且随机选择的标记数量(k)固定到 12。从图 3-4 中可以看出,基于总精度(ACC)评价指标,当模型数量(m)从 2 增加到 10 时,RALS 算法的性能急剧提高。这主要得益于集成学习的强泛化能力,在 RALS 算法中表现为不同标记子集的效果聚合起来共同增强最终的预测性能。此外,一个重要的发现是:模型数量(m)增加到一定数量之后,RALS 算法的性能不再有显著地变化。这也正是我们考察参数随机选择的标记数量(k)对 RALS 算法的性能影响时固定模型数量(m)为 10 的原因。相应地,在本章之后的所有实验中,RALS 算法的参数随机选择的标记数量(k)和模型数量(m)被分别设置为 12 和 10。

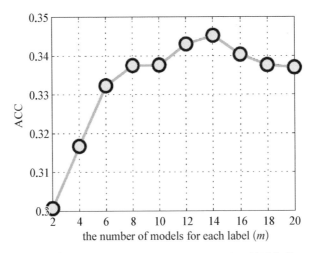

图 3-4　MultiLoc-Euk 数据集上 RALS 随 m 的增加的
性能变化曲线,k 固定为 12

3.5.2　位置间关系对性能的影响

在本节中,我们研究亚细胞位置之间的相互关系是否能真正地增强多位置蛋白质亚细胞定位预测的性能。众所周知,基于机器学习的预测性能不仅依赖于抽取的特征也依赖于采用的分类器。为了客观公正地比较本章提出算法 RALS 和 BR 方法的预测性能,我们使用相同的特征和基分类器,就是说,$44+60=104$ 维的特征(44 维的 PseAAC 特征和 60 维的 PSSM-AC 特征)和支持向量机分类器(RBF 核)。而且,我们采用与 RALS 算法一样的 RBF 核参数调优范围,获取 BR 方法的基分类器支持向量机的最优参数 $\gamma=0.9, C=100$。图 3-5 给出了本章提出算法 RALS 和 BR 方法在 Multi-Euk 蛋白质亚细胞定位数据集上的性能比较结果。正如图3-5所示,RALS 算法在各种性能评价指标上显著地超过 BR 方法。在 mlACC, mlF1 和 ACC 指标上的性能改进分别是 10%、14%和11%。该观察验证了我们的推测:亚细胞位置之间的相互关系的确存在,并且可以显著地增强多位置蛋白质亚细胞定位预测的性能。

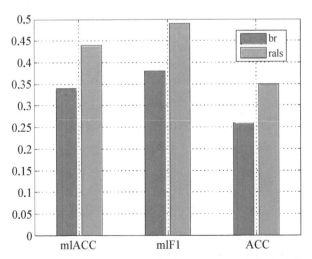

图 3-5　MultiLoc-Euk 数据集上 RALS 和 BR 的性能比较

3.5.3　与已有预测器的性能比较

为了显示本章提出的算法 RALS 在预测新颖蛋白质的多亚细胞位置时的能力,我们比较了 RALS 算法和最新提出的 MLKNN 算法。MLKNN算法是 iLoc-Euk 蛋白质亚细胞多位置预测系统的预测引擎,它扩展自传统的 K 最近邻算法,通过定义一个累积层刻度(accumulation-layer scale)来处理多位置蛋白质。iLoc-Euk[50]采用两种类型的特征:基因本体库(Gene Ontology)信息和蛋白质序列进化信息(PSSM)。当查询蛋白质没有任何基因本体标注信息时,iLoc-Euk 就转而使用序列进化信息执行预测流程以保证预测系统的完整性。因为本章目的是预测没有任何外部信息标注的新颖蛋白质的多亚细胞位置,并且从生物学角度来说,能够成功预测这些没有任何外部信息标注的新颖蛋白质将更加重要,因此我们仅仅比较 RALS 和不使用基因本体信息的 iLoc-Euk 版本,就是说,MLKNN 算法结合序列进化信息 PSSM 特征。值得指出的是,iLoc-Euk 预测系统中 PSSM特征抽取方法不同于本章使用的 PSSM 抽取方法,PSSM-AC 方法。为区别起见,我们把 iLoc-Euk 系统中使用的 PSSM 特征抽取方法表示为iPSSM。为了进一步显示 RALS 算法相对于 MLKNN 算法的优越性,MLKNN 算法结合本章所用的特征抽取方法的预测结果也加入比较。让"MLKNN－1"表示使用本章所用的特征抽取方法,而"MLKNN－2"表示使用它本身在 iLoc-Euk 系统所用的特征抽取方法。表 3－1 报告了在MultiLoc-Euk 数据集上 RALS,MLKNN－1 和 MLKNN－2 的 5 倍交叉验证结果。从表 3－1 中可以看出,本章所提算法 RALS 在所有性能评价指标上都显著地超过了其他两个比较方法。一方面,RALS 相比于 MLKNN－2的性能改进在 mlACC,mlF1 和 ACC 性能评价指标上分别是 8%、10% 和6%。该观察显示出在预测新颖蛋白质的多亚细胞位置时,本章所提预测方法的预测性能显著地优于 iLoc-Euk。另一方面,RALS 相比于 MLKNN－1

的性能改进在 mlACC，mlF1 和 ACC 性能评价指标上分别是 4％、5％和 3％。因为 RALS 和 MLKNN‑1 使用了相同的蛋白质特征，因此可以确认，RALS 算法本身是优于 iLoc‑Euk 预测系统中的 MLKNN 算法的。

表 3‑1　MultiLoc-Euk 数据集上 RALS，MLKNN‑1 和 MLKNN‑2 的性能比较

Measure	Method		
	RALS[①]	MLKNN‑1[②]	MLKNN‑2[③]
mlACC	0.44	0.40	0.36
mlF1	0.49	0.44	0.39
ACC	0.35	0.32	0.29

注：① 本章所提算法 RALS,并且使用 PseAAC 和 PSSM-AC 的融合作为输入特征。
　　② iLoc-Euk 所用预测算法,使用本章所用的输入特征,即 PseAAC 和 PSSM-AC。
　　③ iLoc-Euk 所用预测算法,使用 iLoc-Euk 中所用 PSSM 特征,即 iPSSM 作为输入特征。

　　众所周知,独立数据集评估也是预测性能评估中一个重要且必要的步骤。基于此,独立验证数据集 DBMLoc 被用于进一步评估本章所提方法的预测性能。具体来说,MultiLoc-Euk 数据集中的 1 079 个多亚细胞位置蛋白质序列作为训练集用于训练本章所提方法,训练所得预测器被命名为 MLPred-Euk。我们比较了 MLPred-Euk 和其他已有预测器,iLoc-Euk[50],YLoc＋[79],WoLF PSORT[30] 和 KnowPred[78] 在独立验证数据集 DBMLoc 上的性能。表 3‑2 给出了 MLPred-Euk 和其他已有预测器的性能比较结果。从表 3‑2 中可以看出,MLPred-Euk 的性能显著地优于其他预测器。在所有参与比较的预测器中,WoLF PSORT 和 iLoc-Euk 的预测性能最差。具体地说,虽然 WoLF PSORT 和 iLoc-Euk 可以正确地预测独立验证数据集中大概一半蛋白质的至少一个亚细胞位置,但是它们仅能精确地预测最多 12％的蛋白质的所有亚细胞位置。比较预测器 YLoc ＋ 和 KnowPred 能够精确地预测三分之一的蛋白质的所有亚细胞位置,取得了可接受的预测性能。本章所提预测器 MLPred-Euk 获得了最好的预测

性,能够精确地预测超过 60% 的蛋白质的所有亚细胞位置。这再次验证了利用亚细胞位置之间的相互关系可以显著地增强多位置蛋白质的预测性能。

表 3 - 2　独立验证数据集 DBMLoc 上 MLPred-Euk 和其他已有预测器的性能比较

Measure	Predictor				
	MLPred-Euk[①]	iLoc-Euk[②]	YLoc+[③]	WoLF PSORT[③]	KnowPred[③]
mlACC	0.74	0.45	0.64	0.43	0.63
mlF1	0.79	0.57	0.68	0.52	0.66
ACC	0.63	0.12	0.35	0.05	0.36

注:① 本章构造的预测器,采用 RALS 算法和 PseAAC 与 PSSM-AC 特征。
　　② iLoc-Euk 的不使用 GO 特征的版本,即 MLKNN 和 iPSSM。
　　③ Yloc+,WoLF PSORT 和 KnowPred 的结果取自文献[45]。

3.5.4　多位置复杂度对性能的影响

为了进一步研究本章所提方法 RALS 在复杂的多位置蛋白质数据集上的有效性,我们执行一系列新的实验来比较 RALS 和 MLKNN 的性能。比较实验采用 MultiLoc-Euk 数据集,实验过程如下:

(1)首先,构造 4 个新的基准数据集。构造方法是:随机地从原始 MultiLoc-Euk 数据集中去除 p 个单亚细胞位置蛋白质,p 的取值范围从单亚细胞位置蛋白质总数量的 20% 到 80%,以 20% 为间隔。

(2)然后,在每个新的基准数据集上执行 5 - fold 交叉验证测试,测试结果用于比较。

这 4 个新的基准数据集的复杂度逐步地从 16.8% 增长到 44.7%,使得精确地预测蛋白质的多亚细胞位置越来越有挑战。表 3 - 3 列出了这 4 个新的基准数据集的简要信息,其中,PML 表示多位置蛋白质占数据集中蛋白质总数的比例。

表 3-3　4 个新的基准数据集的统计信息

Name	Proteins	p	PML
euk20	6 421	20%	16.8%
euk40	5 085	40%	21.2%
euk60	3 750	60%	28.8%
euk80	2 414	80%	44.7%

图 3-6 展示了基于总精度(ACC)评价指标的实验结果。为了方便比较,我们也加入了在原始 MultiLoc-Euk 数据集上的结果。图 3-6 不是显示该评价指标的绝对结果值,而是 RALS 相对于 MLKNN 的改进率。这么做主要是为了增进比较结果的易读性和简化对结果的解释。从图 3-6 中可以看出,基于总精度(ACC)评价指标,RALS 的性能在每个新的基准数据集上都优于 MLKNN。即便是在最差的情况下,发生在原始 MultiLoc-Euk 数据集上,RALS 相对于 MLKNN 也获得了大概 21% 的改进率。该观察表明在各种不同复杂度的多位置蛋白质数据集上 RALS 都优于 MLKNN。更重要的,从图 3-6 中还可以看出,随着 p 的增加,RALS

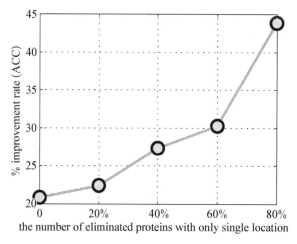

图 3-6　在各种复杂度的数据集上 RALS 相对于 MLKNN 的改进率

相对于 MLKNN 的改进率显示出一个增长的趋势。具体地说,当去除的单位置蛋白质的数量从 0% 增长到 80% 时,RALS 相对于 MLKNN 的改进率从 21% 增加到 44%。该观察证明了在更为复杂的多位置蛋白质数据集中预测蛋白质的多亚细胞位置时,RALS 比 MLKNN 有更大的能力。

3.6 本章小结

新合成或新发现的蛋白质的结构和功能通常都还不清楚,准确地获知它们的亚细胞位置显得特别重要。但是这类新颖蛋白质通常不能由基于 GO 的特征表示方法提取特征,因而基于 GO 的预测器将不能工作。因此,本章专门针对这类新颖蛋白质提出一个高效的预测器。本章的主要贡献在于:

(1) 本章采用伪氨基酸组成和序列进化信息的融合来提取蛋白质的特征,同时,为了取得更好的预测性能,提出一种新颖的预测方法 RALS (multi-label learning via RAndom Label Selection)。该方法并不显式地寻找亚细胞位置间的相互关系,而是借助集成学习的思想间接地利用这种关系。实验结果表明本章所提预测器对新颖蛋白质的亚细胞多位置预测性能显著地超过了其他已有的方法。

(2) 为了让本章所提方法可以帮助更多的生物学家,我们提供了一个在线预测服务网站,可以通过 http://levis.tongji.edu.cn: 8080/bioinfo/MLPred-Euk/进行访问(详见第 6 章)。

第4章

结合标记间关系与标记相关特征的
蛋白质亚叶绿体多位置预测

4.1 本 章 引 言

叶绿体(Chloroplast)是大部分绿色植物细胞中的细胞器,也存在于某些真核生物体中,如海藻。叶绿体的主要功能是执行光合作用,吸收存储太阳的光能,转化成化学能,并且释放氧气。除了光合作用外,它们也负责合成植物所需的几乎所有脂肪酸和参与植物的免疫反应。位于叶绿体中的蛋白质在这些生物过程中起到十分重要的作用,并且在不同的生物过程中扮演不同的角色,具有不同的功能。由于这些叶绿体蛋白质的功能和它们的亚叶绿体位置有十分密切的关系,因此首先识别出它们的亚叶绿体位置对于了解它们的功能很有帮助。

过去十几年,研究人员主要专注于在细胞级别预测蛋白质的位置,提出了大量的方法。这些方法分别从以下 4 个方面推进了该领域的发展: ① 不断拓宽了细胞位置的覆盖范围,使亚细胞位置预测工具的实用性大大增强。最早的一些工作仅覆盖很少的位置信息。例如,Nakashima 等人[35]的研究仅仅覆盖了 2 个位置信息,Garg 以及 Matsuda[159,160]等人的工作增加到 4 个位置信息,接着 Cedano[161] 等人的工作覆盖了 5 个位置信息。随着越来越多的蛋白质数据可用,位置数量已经增加到了 22 个。② 大大提高了预测的准确率。研究人员主要从两个方面入手,一是从蛋白质序列中提取具有高度判别能力的特征,二是选用和开发泛化能力强大的分类器。对于特征提取,首先采用的是氨基酸组成,然后 Chou[40,142] 又提出了伪氨基酸组成,加入了序列顺序影响。此后,基于 Chou 的伪氨基酸组成概念,大量的变体被开发出来,比如,考虑序列进化信息、功能域组成、基因本体信息。除了提取特征以外,大量的机器学习方法被应用到该领域,最常用的有 kNN 及其变体、SVM 等,最近 Shen[110] 引入了集成学习,在多个蛋白质属性预测领域都取得了相当大的性能改进。③ 由于不同物种间蛋白质序列和细胞位置间的差异,比如,叶绿体只存在于植物细胞中,而人类等其他动物细胞中却没有,因此,有必要为不同的物种开发专门的预测器,以避免得到无意义的预测结果。目前,已经出现不少的物种专有的预测器,以 Chou 和 Shen 开发的 Cell-PLoc[49] 和 Cell-PLoc 2.0[28] 最为著名。④ 研究表明,有大量的蛋白质定位于多个细胞位置,参与执行不同的生物功能,这些蛋白质对于制药工程和基础研究有很重要的意义。因此,开发出能够预测多个细胞位置的方法将十分必要。已经有一些方法可以用于预测蛋白质的多亚细胞位置。

随着对细胞中细胞器研究的深入,研究人员发现了大量的细胞器亚结构,比如,细胞核中包含核染色质(chromatin)、异染色质(heterochromatin)、核被膜(nuclear envelope)、核仁(nucleolus)等亚结构;线粒体中包含内膜(inner membrane)、外膜(outer membrane)等亚结构;叶绿体中包含基质(stroma)、类囊体(Thylakoid)等亚结构。为了更加深入了解蛋白质的功能,很有必要确定蛋白质在细胞器级别的具体位置。从最近发布的 UniProtKB/Swiss-Prot 数据库(release 2013_05)了解到,共有 14 408 个叶绿体蛋白质,标注有亚叶绿体位置的蛋白质有 7 367 个,占到总叶绿体蛋白质的 7 367/14 408＝51.1％,而这些亚叶绿体位置标注中,经过实验验证的共有 6 955 个,占到总叶绿体蛋白质的 6 955/14 408＝48.3％,也就是说,大概一半以上的叶绿体蛋白质都没有明确的亚结构信息标注。细胞器是相对于细胞来说更微观的结构单位,因而实验确定蛋白质的亚细胞器位置将更加困难和耗时。随着叶绿体蛋白组项目的快速发展,叶绿体蛋白质的数量和它们的功能之间的差距将越来越大。为了弥补这一差距,同时由于实验测定亚细胞器级的位置更加困难,十分有必要开发计算预测方法来预测蛋白质的亚叶绿体位置。

近年来,已经有一些预测方法可以预测蛋白质的亚-亚细胞位置,比如,亚细胞核位置的预测[162]、亚线粒体位置的识别[147,148],以及本章研究的亚叶绿体位置的预测[163]。具体到亚叶绿体位置预测,第一个开创性工作由 Du 等人[163]于 2009 年完成。他们创建了该领域的第一个公开数据集,并开发了一个基于伪氨基酸组成和 ET-KNN 算法的亚叶绿体位置预测器。此后,又有一些其他的研究人员在该领域做了一定的工作。但是,现有的工作存在以下一些缺点:① 考虑的亚叶绿体位置数量较少,使他们的方法的实用性降低;② 采用的数据集的同源偏置较大,比如,Du 创建的数据集中,蛋白质相似度高达 60％,使得不能准确地评估预测算法的性能;③ 以前的工作都忽略了具有多个亚叶绿体位置的蛋白质,进而就不能准确地预测出它们的多个位置。

基于此,本章构建了一个包含多亚叶绿体位置蛋白质的数据集,该数据集的蛋白质间相似度控制在 40％以下,并且考虑的位置数量增加到 5 个,增加了对质体球(plastoglobule)位置的预测。而且,本章还提出了一个新颖的多标记分类算法,通过选取与每个位置最相关的特征,并且加入了不同位置之间的相互关系,在该数据集上的实验结果表明,该算法能够很好地建模蛋白质的多位置特性,因而取得了更加优越的性能。

4.2　叶绿体蛋白质数据集

本章采用的蛋白质数据均是从 UniProtKB/Swiss-Prot 数据库(release 2013_05)中收集得到。为了获得一个高质量的数据集,我们根据以下步骤对数据库中的原始数据进行处理:

(1) 仅仅有亚叶绿体位置标注的蛋白质被检索出来。本研究使用以下 5 个亚叶绿体位置对 UniProtKB/Swiss-Prot 数据库进行查询,Envelope,Stroma,Thylakoid lumen,Thylakoid membrane,Plastoglobule,因为其他的亚叶绿体位置没有可用的数据。

(2) 模糊标注的蛋白质,例如,"Probable","Potential","By similarity",被删除掉,只保留经过实验验证的蛋白质,因为它们缺乏信任度。

(3) 蛋白质片段被排除,而且序列长度小于 50 的蛋白质也被排除,因为它们可能就是片段蛋白质。

(4) 包含模糊字符的蛋白质,比如,"X","B","Z"被排除。

(5) 为了避免同源偏置和冗余影响,采用 CD-HIT 程序[141]删除序列相似度大于 40% 的蛋白质。我们没有采用更小的阈值,主要是为了考虑数据集大小和相似度程度的平衡。未来如果有更多的数据可用,我们会进一步降低该相似度阈值,以便获取更加严格的数据集。

经过上述过程,我们获取了 578 个蛋白质,分布在 5 个亚叶绿体位置,其中,556 个位于 1 个亚叶绿体位置,21 个位于 2 个位置,1 个位于 3 个位置,没有蛋白质位于 4 个及以上的位置。对于每个亚叶绿体位置拥有的蛋白质数量,由表 4-1 给出。

表 4 - 1 数据集中各亚叶绿体位置包含蛋白质数量的统计信息

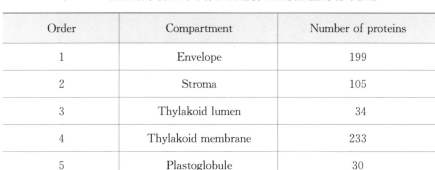

Order	Compartment	Number of proteins
1	Envelope	199
2	Stroma	105
3	Thylakoid lumen	34
4	Thylakoid membrane	233
5	Plastoglobule	30

4.3 特 征 表 示

本章采用伪氨基酸组成(PseAAC)来表示蛋白质序列。蛋白质的伪氨基酸组成由一个$(20+\xi \cdot \lambda)$维的特征向量构成,其中,前 20 维是传统的氨基酸组成,而后$\xi \cdot \lambda$维表示氨基酸序列间的序列顺序信息。伪氨基酸组成向量中的特征维数由两个重要的参数控制:选出的氨基酸指数数量(ξ)以及蛋白质序列中的最大相关层数(λ)。本章设定参数ξ和λ的值分别为 6 和 50,其中,6 种用于计算序列间的相关因子的氨基酸指数分别为:① hydrophobicity[149];② hydrophilicity[150];③ mass;④ pK(alpha-COOH);⑤ pK(NH3),⑥ pI(at 25℃)。对于最大相关层数(λ),需要注意的是λ必须小于训练集中最短蛋白质序列的长度。在本章研究中,最短序列的长度为 51 个氨基酸残基,故而我们把最大相关层数(λ)的值设置为 50。由此可得,PseAAC 特征的维数为$20+6 \times 50=320$。我们之所以把λ设置为最大可设的值,没有手动调优,是因为我们所提算法可以自动从中选取最优的特征子集。下面详细介绍我们所提的多标记预测算法。

4.4 结合标记间关系与标记相关特征的建模预测算法

为了成功地执行蛋白质亚叶绿体多位置预测,我们提出一个新颖的多标记算法,既考虑了标记间的相互关系,又利用了与每个标记最相关的特征。下面将详细地描述整个预测过程。

给定一包含 N 个蛋白质的数据集 T,分布在 M 个位置,则该数据集 T 可以分为 M 个子集,如下所示:

$$T = T_1 \cup T_2 \cup \cdots \cup T_i \cup \cdots \cup T_M \qquad (4-1)$$

其中,子集 $T_i(i=1, 2, \cdots, M)$ 表示属于同一位置 i 的 N_i 个蛋白质集合,符号 $\cup$ 表示集合理论中的并集。本章研究蛋白质亚叶绿体定位,故 $M=5$。值得注意的是,由于蛋白质的多位置特性,因此 $N \neq N_1 + N_2 + \cdots + N_M$,确切地说,$N < N_1 + N_2 + \cdots + N_M$。对此更详细的阐述请参考文献[50]。

对于每一个位置 i,我们为其训练两个独立的分类器,以便识别一未知位置的蛋白质是否属于位置 i。这里可以使用任何通用的学习算法,本章选用 SVM。数据集 T 总共包含 M 个位置,因而我们就得到了两组分类器集合,每组包含 M 个相应的分类器,即:

$$\begin{cases} G_1 = \{C_1^1, C_1^2, \cdots, C_1^i, \cdots, C_1^M\} \\ G_2 = \{C_2^1, C_2^2, \cdots, C_2^i, \cdots, C_2^M\} \end{cases} \qquad (4-2)$$

其中,C_1^1 和 C_2^1 表示为第 1 个位置训练得到的两个分类器,C_1^2 和 C_2^2 表示为第 2 个位置训练的两个分类器,以此类推。G_1 中的分类器在预测过程中起到辅助作用,并不作为最终预测结果,我们把它叫做辅分类器组,而 G_2 利

用 G_1 提供的中间结果做出最终的预测,我们把它叫做主分类器组。

首先,为每个位置 i 构造训练数据集 Tr_i,该数据集 Tr_i 可以分为两个子集,如下所示:

$$Tr_i = Tr_i^+ \bigcup Tr_i^- \qquad (4-3)$$

其中,Tr_i^+ 表示属于位置 i 的蛋白质集合,而 Tr_i^- 则表示不属于位置 i 的蛋白质集合,如式(4-1)所示,符号 $\bigcup$ 表示集合理论中的并集。我们只需分别构造出集合 Tr_i^+ 和 Tr_i^-,则根据式(4-3)即可构造出对于每个位置 i 的训练数据集 Tr_i。集合 Tr_i^+ 和 Tr_i^- 可以根据式(4-4)构造得出,即:

$$\begin{cases} Tr_i^+ = \{(p, +1) \mid p \in T_i\} \\ Tr_i^- = \{(p, -1) \mid p \notin T_i\} \end{cases} \qquad (4-4)$$

其中,$(p, +1)$ 表示蛋白质 p 属于位置 i,而 $(p, -1)$ 表示蛋白质 p 不属于位置 i。值得注意的是,训练数据集 Tr_i 包含和 T 完全一样的 N 个蛋白质,区别只是 Tr_i 把原来的 N 个蛋白质依据是否属于位置 i 分成了属于位置 i 和不属于位置 i 的两个集合 Tr_i^+ 和 Tr_i^-。

如第 2 章所述,利用标记相关特征和利用标记间相互关系都能不同程度地提高多标记预测性能。由于它们都分别只考虑了一个方面,本章试图把它们结合起来,以便获得进一步的性能提升。

根据第 4.3 节所述的伪氨基酸组成特征提取方法,训练数据集 Tr_i 的第 k 个蛋白质 p_k 可以表示为:

$$p_k = \begin{bmatrix} p_k^1 \\ p_k^2 \\ \vdots \\ p_k^j \\ \vdots \\ p_k^D \end{bmatrix} \qquad (4-5)$$

其中,D 表示特征向量的维数,本研究中 $D=20+6\times50=320$。

对于 G_1 组中的分类器 $C_1^1, C_1^2, \cdots, C_1^i, \cdots, C_1^M$,构建方法比较简单,直接应用 SVM 到相应的训练集上即可得到。而对于 G_2 组中的分类器 $C_2^1, C_2^2, \cdots, C_2^i, \cdots, C_2^M$,构建方法相对比较复杂。我们首先使用其他位置标记来扩展蛋白质的向量空间,扩展后的训练数据集 Tr_i 的第 k 个蛋白质 p_k 可以表示为:

$$
p_k = \begin{bmatrix} p_k^1 \\ p_k^2 \\ \vdots \\ p_k^j \\ \vdots \\ p_k^D \\ l_k^1 \\ l_k^2 \\ \vdots \\ l_k^{i-1} \\ l_k^{i+1} \\ \vdots \\ l_k^M \end{bmatrix} \tag{4-6}
$$

其中,前 D 维特征 $p_k^j(j=1, 2, \cdots, D)$ 就是蛋白质的伪氨基酸组成,而后 $M-1$ 维新加入的特征表示该蛋白质 p_k 除了位置 i 以外的其他位置的归属,即,如果该蛋白质 p_k 属于位置 $m(m=1, 2, \cdots, i-1, i+1, \cdots, M)$,则 $l_k^m(m=1, 2, \cdots, i-1, i+1, \cdots, M)=1$,否则,$l_k^m(m=1, 2, \cdots, i-1, i+1, \cdots, M)=-1$。然后,在加入了其他位置标记的蛋白质扩展特征空间

中采用特征选择方法，同时选取出与位置 i 最相关的氨基酸组成特征和位置标记，去除无关和冗余的特征和位置标记。本研究采用遗传算法来进行特征选择，详细过程可以参考附录 A。通过特征选择后的蛋白质 p_k 可以表示为：

$$
p_k = \begin{bmatrix} p_k^{\lambda_1} \\ p_k^{\lambda_2} \\ \vdots \\ p_k^{\lambda_j} \\ \vdots \\ p_k^{\lambda_d} \\ l_k^{\rho_1} \\ l_k^{\rho_2} \\ \vdots \\ l_k^{\rho_n} \end{bmatrix} \tag{4-7}
$$

其中，前 d 维特征 $p_k^{\lambda_j}$ 为选取出来的最优特征子集，而后 n 维特征 $l_k^{\rho_i}$ 表示选取出来的最优位置标记子集。最后基于最优特征子集训练 SVM 可以得到每一位置 i 的分类器 C_2^i。由于我们既采用了每一位置的最相关特征，同时又考虑了与该位置最相关的其他位置的影响，因而该算法能够取得更好的预测性能。

给定一未知位置的蛋白质 u，通过下面的步骤可以预测出它的位置集合。

步骤 1：通过把蛋白质 u 提供给辅分类器组 G_1 中的各个分类器，我们得到 M 个中间分类结果，即：

$$
\theta_1, \theta_2, \cdots, \theta_M \in \{-1, +1\} \tag{4-8}
$$

其中,θ_1 表示第 1 个位置的归属,即,如果 $\theta_1 = +1$,则蛋白质 u 被预测位于第 1 个位置,否则它被预测不位于第 1 个位置,θ_2 表示第 2 个位置的归属,即,如果 $\theta_2 = +1$,则蛋白质 u 被预测位于第 2 个位置,否则它被预测不位于第 2 个位置,以此类推。上述预测结果作为中间输出提供给主分类器组 G_2 使用。

步骤 2:首先,把蛋白质 u 转换成式(4-6)所示的向量形式。式(4-6)中需要使用蛋白质 u 的位置信息来扩展向量空间,但是,我们并不知道它的位置,而且我们的目的就是要预测它的位置。因此,我们使用步骤 1 中产生的中间输出作为它的位置估计,以便根据式(4-6)完成特征空间的扩展。这就是为什么我们要增加辅分类器组 G_1 的原因。然后,再经过式(4-7)的特征选择过程,最后,把上述转换后的蛋白质 u 提供给主分类器组 G_2 中的各个分类器,我们得到 M 个最终分类结果,即:

$$\theta_1^*, \theta_2^*, \cdots, \theta_M^* \in \{-1, +1\} \tag{4-9}$$

其中,θ_j^*($j = 1, 2, \cdots, M$)表示第 j 个位置的归属,即,如果 $\theta_j^* = +1$,则蛋白质 u 被预测位于第 j 个位置,否则它被预测不位于第 j 个位置。根据式(4-9),蛋白质 u 被预测出的位置集合可以表示为:

$$pred\_set(u) = \{j \,|\, \theta_j^* = +1, j = 1, 2, \cdots, M\}$$

4.5　在线预测服务网站

基于上述预测算法,我们构建了一个蛋白质亚叶绿体定位的在线预测服务 MultiP-SChlo(详见第 6 章)。生物学家可以通过这个在线预测网站,提交 FASTA 格式的蛋白质序列,得到相应的亚叶绿体位置的预测。

4.6　实验结果和分析

评估预测方法的性能通常有三种方法，即独立验证测试、k 倍交叉验证和 jackknife 测试。jackknife 测试，也叫做 Leave-One-Out 交叉验证测试，被认为是最客观公正的，因为它对于同一个数据集总是产生唯一的测试结果。因此，本章采用 jackknife 测试来评估我们所提方法的性能。本章采用 mlACC，mlPRE，mlREC，mlF1 和 ACC 这 5 种多标记性能评价指标。表 4-2 给出了我们所提方法的预测性能。在各个性能评价指标上，我们所提方法都取得了很好的评估结果。作为一项初始研究，能够取得这样的预测性能已实属不易，为后续的研究提供了很有意义的结果。因为我们所提方法是该领域第一个可以预测蛋白质亚叶绿体的多个位置的方法，所以我们无法提供与其他已有预测系统的比较分析。可是，为了能够进一步地展示我们所提方法的优势，表 4-2 也列出了其他两个常用的多标记算法的预测结果。公平起见，其他多标记算法使用和本章所提算法同样的 PseAAC 特征。表 4-2 中第 3 列所示方法是本文第 2 章介绍的利用标记相关特征的

表 4-2　本章所提预测算法和其他多标记分类算法的性能比较

Measure	Algorithm		
	the proposed algorithm	by label specific features	by label correlation
mlACC	0.586 2	0.350 3	0.505 4
mlPRE	0.595 5	0.351 1	0.509 5
mlREC	0.693 0	0.369 3	0.657 0
mlF1	0.640 4	0.359 9	0.573 4
ACC	0.480 8	0.333 8	0.379 0

方法,而第 4 列所示方法是本文第 2 章介绍的利用标记间相互关系的方法。这两种方法和本章所提方法一样,都使用 SVM 作为基分类器,核函数采用 RBF 核,参数 γ 和 C 通过网格搜索进行最优化。表 4-2 中所列的基于各个评价指标的结果都是最优化后的结果。从表 4-2 可以看出,我们所提方法在基于所有多标记性能评价指标上都显著地超过了其他两个比较算法,因而可见,我们所提的结合标记相关特征和标记间关系的预测算法确实能够进一步地提升预测性能,取得比任何单一方法,即仅利用标记相关特征或仅利用标记间关系,更好的效果。

4.7　本　章　小　结

本章更进一步深入研究叶绿体细胞器的亚结构,预测蛋白质在叶绿体细胞器中的位置。现有的工作存在以下一些缺点:① 考虑的亚叶绿体位置数量较少,使已有方法的实用性降低;② 所采用数据集的同源偏置较大,使得不能准确地评估预测算法的性能;③ 以前的工作都忽略了具有多个亚叶绿体位置的蛋白质。

本章的主要贡献在于:

(1) 构建了一个包含多亚叶绿体位置蛋白质的数据集,该数据集的蛋白质间相似度控制在 40% 以下,并且考虑的位置数量增加到 5 个,增加了对质体球(plastoglobule)位置的预测。该数据集是目前该领域覆盖亚叶绿体位置数最多、最严格(即蛋白质间相似度最低)、唯一包含多亚叶绿体位置蛋白质的数据集。该数据集可以免费下载(http：//levis. tongji. edu. cn：8080/bioinfo/MultiP-SChlo/),有望成为该领域评价各个预测方法性能的通用数据集。

(2) 提出了一个新颖的结合标记相关特征和标记间关系的多标记分类

算法,实验结果表明,通过选取与每个位置最相关的特征,并且加入了不同位置之间的相互关系,该方法能够很好地建模蛋白质的多位置特性,并且取得了很好的性能。本研究是该领域的第一个考虑多亚叶绿体位置的工作,为蛋白质亚-亚细胞位置预测研究提供了重要的参考价值。

　　(3) 本章所提的方法已经开发成在线预测服务网站,为生物学家提供服务(详见第 6 章),这将更深入地推动该领域研究的发展。

第5章

基于最优多标记集成分类器的
多功能抗微生物肽的识别

5.1 本 章 引 言

抗微生物肽具有天然免疫特性,是传统抗生素药物的绝佳替代品,可以解决抗生素的耐药性问题[86-93]。随着后基因组时代大量蛋白质序列的产生,已知是抗微生物肽的序列和未知的蛋白质序列之间的差距越来越大。实验确认哪些蛋白质序列是抗微生物肽以及搞清楚它们的功能类型变得越来越不可行,迫切的需要开发基于序列的计算预测工具以便快速而准确地识别抗微生物肽和它们的功能类型。目前为止,已经有一些计算预测工具出现[94-98],推动了该领域的快速发展。但是,它们有以下几个缺点:
① 已有工具只能识别出抗微生物肽,不能进行更深一层的功能预测。
② 随着研究的逐步深入,需要往更加深入的层次探索抗微生物肽。已有工具只能对某些功能类型进行判别,例如,抗菌肽的识别、功能类型的识别不够全面。③ 从 APD 数据库可以看出,有大量的抗微生物肽不止有一个功能,而是执行多种生物功能。因此,需要同时识别出它们的多种功能类型。特别地,深入分析这些多功能抗微生物肽对抗生素替代药物的研制具有极

其重要的意义。不幸的是，仅仅有很少的工作，准确地说，仅有一个涉足于此。Xiao 等人最近开发了一个两层预测器 iAMP-2L[103]，首先识别氨基酸序列是否是抗微生物肽，然后再预测它们的功能类型，包括多功能类型。从 iAMP-2L 的实验结果可以看出，第一层识别抗微生物肽已经取得了极好的预测性能，改进的空间不大，而第二层预测多功能类型的性能并不令人满意，还有很大的改进空间。

基于此，本章主要关注于识别抗微生物肽的多种功能类型，进一步提高计算预测工具的准确性和实用性。鉴于伪氨基酸组成（PseAAC）在预测蛋白质的各种属性中取得了良好的性能，本章同样采用伪氨基酸组成（PseAAC）来提取输入特征，并且提出一个多标记集成分类算法来预测抗微生物肽的多种功能类型。采用多标记集成分类器的原因有两点：① 集成学习技术已经成功地应用到生物信息处理的多数领域，但是在多标记生物数据识别领域，据我们所知，还没有出现相关报道，因此，本章把集成学习和多标记学习相结合，用于抗微生物肽的多功能类型识别中，以期进一步提高预测性能；② 伪氨基酸组成（PseAAC）的维数对结果有重要影响，其中有两个参数，指数数量（ξ）和相关层数（λ），控制伪氨基酸组成的维数。参数 ξ 和 λ 的选择问题通常都是具体问题具体分析，针对某个具体问题，通过大量遍历实验选出最优参数组合，严重限制了预测方法的实用性。Shen 等人已经在多类分类的情况下采用集成学习技术巧妙地解决了该问题。本章尝试把该思想推广到多标记分类中。针对多标记生物数据的特点，本章更进一步的提出分别为每个标记（抗微生物肽的功能）选择最佳的分类器组合，而不是像 Shen 等人的方法那样，不加选择的使用所有分类器的融合。

本章接下来首先介绍所用的抗微生物肽数据集，然后详细描述所提多标记集成预测方法，接着给出了实验结果和分析，最后总结本章工作。

5.2　抗微生物肽数据集

本章研究采用文献[103]所构建的数据集,文献[103]采用了一系列措施来确保该数据集的高质量,该数据集中包含了抗微生物肽和非抗微生物肽,由于本章只关注识别抗微生物肽的多功能类型,因而本章只使用抗微生物肽数据子集,符号表示为 S_AMP,现对其具体收集过程描述如下:

1. 从 APD 数据库中获取所有抗微生物肽序列,其中,共有 10 种不同的功能类型。它们分别是:"Antibacterial""Anticancer/tumor""Antifungal""Anti-HIV""Antiviral""Antiparasital""Anti-protist""AMPs with chemotactic activity""Insecticidal"和"Spermicidal"。

2. 由于"Antiparasital""Anti-protist""AMPs with chemotactic activity""Insecticidal"和"Spermicidal"包含太少的肽序列(不足 50 个),不具有统计显著性,因此从数据集中删除,先暂且不考虑它们。本章研究只考虑"Antibacterial""Anticancer/tumor""Antifungal""Anti-HIV"和"Antiviral"这 5 种抗微生物肽。

3. 为了减少同源偏置和序列冗余的影响,采用 CD-HIT 程序[141]过滤掉那些序列相似度≥40%的肽序列。同时,也为了考虑去除冗余和数据集大小之间的平衡,少于 150 个肽序列的功能类型子集不进行过滤操作,保留该功能类型的全部肽序列。

通过以上过程,共得到 878 个抗微生物肽,其中,454 个属于 1 个功能类型,296 个属于两个功能类型,85 个属于 3 个功能类型,30 个属于 4 个功能类型,13 个属于 5 个功能类型。对于每个功能类型拥有的肽数量,由表 5-1 给出。肽的序列长度通常比较短,主要集中在 5 个到 100 个氨基酸残基的范围,它们的氨基酸残基数量分布由图 5-1 给出。

表 5-1　数据集 S_AMP 的统计信息

Order	Functional type	Number of sequences
1	Antibacterial	770
2	Anticancer/tumor	140
3	Antifungal	366
4	Anti-HIV	86
5	Antiviral	124

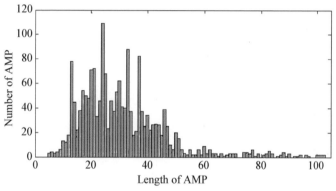

图 5-1　AMP 长度的分布

注:摘自文献[103]

5.3　最优多标记集成分类器

本章采用伪氨基酸组成(PseAAC)来表示肽序列。伪氨基酸组成向量化一个肽序列为 $(20+\xi\cdot\lambda)$ 维的特征向量,其中,前 20 维是传统的氨基酸组成,而后 $\xi\cdot\lambda$ 维表示氨基酸序列间的序列顺序信息。伪氨基酸组成向量中的特征维数由两个重要的参数控制：选出的氨基酸指数数量(ξ)以及肽序列中的最大相关层数(λ)，致使选择不同的参数 ξ 和 λ 会产生不同的预测结果。本章不是试图通过遍历枚举的方法选出最优的参数组合，而是借助于集成学习技术把不同参数组合的分类器结果融合起来给出最终预测，不但巧妙地避免了繁琐的参数选优过程，增加了预测方法的实用性，而且提升了预测效果。

5.3.1 MLkNN 分类器

本节首先介绍多标记集成分类器采用的个体分类器 MLkKNN。MLkKNN 是一个基于 kNN 算法的非常高效的多标记模式分类方法。基于测试样本多个近邻的标记集合的统计信息，MLkNN 利用最大化后验规则确定测试样本的标记集合。

给定一抗微生物肽数据集 $\mathbb{X}$，其中包含的所有功能类型由集合 $\mathbb{Y} = \{t_1, t_2, \cdots, t_3\}$ 表示，继而构成一训练集 $\{(p_1, Y_1), (p_2, Y_2), \cdots, (p_N, Y_N)\}$，其中 $Y_i(i=1, 2, \cdots, N) \subseteq \mathbb{Y}$ 是肽序列 $p_i(i=1, 2, \cdots, N) \in \mathbb{X}$ 的功能类型集合。对一未知功能的肽序列 p，要想知道它的功能类型，首先要从数据集中获取它的 k 个最近邻，由 $N(p)$ 表示。基于 $N(p)$ 中肽序列的功能集合，定义如下的成员计数向量：

$$C_p(t) = \sum_{n \in N(p)} y_n(t), t \in \mathbb{Y} \quad (5-1)$$

其中，$C_p(t)$ 表示未知肽序列 p 的所有近邻中属于功能类型 t 的近邻个数，y_n 表示近邻肽序列 n 对应的功能类型向量，当 $t \in Y_n$ 时 $y_n(t)$ 取值为 1，否则 $y_n(t)$ 取值为 0。进而设 H_1^t 表示未知肽序列 p 具有功能类型 t 这一事件，而 H_0^t 代表未知肽序列 p 不具有功能类型 t 这一事件。再设 $E_j^t(j \in \{0, 1, \cdots, k\})$ 表示未知肽序列 p 的 k 个近邻中刚好有 j 个邻居肽具有功能类型 t 这一事件。基于上面的设定，根据成员计数向量 $C_p(t)$ 提供的信息，可以通过最大化后验概率的准则确定未知肽序列 p 的功能类型向量：

$$y_p(t) = \arg\max_{b \in \{0, 1\}} P(H_b^t \mid E_{C_p(t)}^t), t \in \mathbb{Y} \qquad (5-2)$$

基于贝叶斯规则，上式(5-2)可重写为：

$$y_p(t) = \arg\max_{b \in \{0, 1\}} \frac{P(H_b^t) P(E_{C_p(t)}^t \mid H_b^t)}{P(E_{C_p(t)}^t)}$$

$$= \arg\max_{b \in \{0, 1\}} P(H_b^t) P(E_{C_p(t)}^t \mid H_b^t) \qquad (5-3)$$

其中，先验概率 $P(H_b^t)$（$t \in \mathbb{Y}$，$b \in \{0, 1\}$）和后验概率 $P(E_j^t \mid H_b^t)$（$j \in \{0, 1, \cdots, k\}$）均可以通过频率计数直接估计得到。

最后，根据式(5-3)可以得到未知肽序列 p 所属的功能类型集合 Y_p：

$$Y_p = \{t \mid y_p(t) = 1, t \in \mathbb{Y}\} \qquad (5-4)$$

5.3.2　最优多标记集成

分类器的性能和伪氨基酸组成(PseAAC)的参数 ξ 和 λ 密切相关。本章选用 6 种氨基酸指数，分别为：① hydrophobicity[149]；② hydrophilicity[150]；③ mass；④ pK (alpha-COOH)；⑤ pK (NH3)；⑥ pI (at 25℃)。对于最大相关层数(λ)，需要注意的是 λ 必须小于训练集中最短氨基酸序列的长度，本研究选择 $\lambda = 1$，$\lambda = 2$，$\lambda = 3$，$\lambda = 4$(本章所用数据集中最短序列长度为 5)。由此可以得到，参数 ξ 和 λ 的所有组合个数为($C_6^1 + C_6^2 + C_6^3 + C_6^4 + C_6^5 + C_6^6$)× 4 = 252 个。应用 ML$k$KNN 算法到这 252 种由不同参数组合形成的特征向量集上，我们就得到了一个多标记分类器集合：

$$\{MLkNN(1), MLkNN(2), \cdots, MLkNN(252)\} \qquad (5-5)$$

其中，MLkNN(1)表示在第 1 种参数组合上训练得到的多标记分类器，MLkNN(2)表示在第 2 种参数组合上训练得到的多标记分类器，以此类推。一种简单的构造多标记集成分类器的方法，就是把它们的结果按照加

权多数投票的方式融合起来,可以得到以下的多标记集成分类器:

$$\mathbb{C}^{all} = MLkNN(1) \bigoplus MLkNN(2) \cdots \bigoplus MLkNN(252) \quad (5-6)$$

其中,$\bigoplus$ 表示集成符号,$\mathbb{C}^{all}$ 表示由 MLkNN(1),MLkNN(2),$\cdots$,MLkNN(252)通过加权多数投票构成的多标记集成分类器。

给定一未知功能的肽序列 p,通过多标记集成分类器预测其所属的功能类型集合的方法有别于传统的多类集成分类器,需要针对每个功能类型分别进行加权多数投票融合。假设 y_p 是未知功能的肽序列 p 的功能类型向量,当预测得到 $y_p(t)=1$ 时表明该肽序列 p 属于功能类型 t,否则该肽序列 p 不属于功能类型 t。假设多标记集成分类器 $\mathbb{C}^{all}$ 中各个体分类器对功能类型 t 的预测结果分别为 B_1^t,B_2^t,$\cdots$,B_{252}^t,即

$$B_1^t, B_2^t, \cdots, B_{252}^t \in \{0, 1\} \quad (5-7)$$

其中,$B_i^t(i=1, 2, \cdots, 252)=1$ 表示个体分类器 MLkNN(i)预测该肽序列 p 属于功能类型 t,$B_i^t(i=1, 2, \cdots, 252)=0$ 表示个体分类器 MLkNN(i)预测该肽序列 p 不属于功能类型 t。我们根据式(5-7)定义该肽序列 p 属于功能类型 t 的得分为:

$$Score(t) = \sum_{i=1}^{252} w_i B_i^t, t = \{1, 2, \cdots, 5\} \quad (5-8)$$

其中,w_i 为权重系数,为简单起见,这里设所有权重都为 $1/252$,即集成中的所有个体分类器同等重要,简化为多数投票法。

基于式(5-8),该肽序列 p 的功能类型集合可以通过下式获得,即:

$$Y_p = \{t \,|\, Score(t) \geqslant 0.5, t \in \mathbb{Y}\} \quad (5-9)$$

我们认为针对每个功能类型分别进行加权多数投票融合时,所需要的最佳分类器组合是不同的,而像上面那样,对每个功能类型不加选择的使用所

有分类器进行融合,势必会损害集成的效果。我们更进一步地提出利用遗传算法分别为每个标记(抗微生物肽的功能)选择最佳的分类器组合,然后再通过投票规则把选出来的最佳分类器子集集成起来。通过遗传算法进行分类器选择后,我们得到 5 组分类器最优子集,每组对应一个功能类型,即

$$\{\Omega_1, \Omega_2, \Omega_3, \Omega_4, \Omega_5\} \subseteq \{MLkNN(1), MLkNN(2), \cdots, MLkNN(252)\}$$

$$(5-10)$$

其中,Ω_1 是第 1 个功能类型的最优分类器子集,包含 N_1 个分类器,Ω_2 是第 2 个功能类型的最优分类器子集,包含 N_2 个分类器,以此类推。由此,我们得到以下的最优多标记集成分类器:

$$\mathbb{C}^{opt} = \begin{cases} \oplus \Omega_1 \\ \oplus \Omega_2 \\ \oplus \Omega_3 \\ \oplus \Omega_4 \\ \oplus \Omega_5 \end{cases} \qquad (5-11)$$

其中,$\oplus \Omega_1$ 表示为第 1 个功能类型融合最优分类器子集 Ω_1,$\oplus \Omega_2$ 表示为第 2 个功能类型融合最优分类器子集 Ω_2,以此类推。$\mathbb{C}^{opt}$ 表示最终的最优多标记集成分类器。具体的融合过程,可以参照式(5-7)、式(5-8),与 $\mathbb{C}^{all}$ 不同的是,$\mathbb{C}^{opt}$ 对不同的功能类型使用不同的最优分类器子集进行融合。

5.4　在线预测服务网站

基于我们提出的最优多标记集成分类器 $\mathbb{C}^{opt}$ 和伪氨基酸组成(PseAAC)特征,我们构建了一个多功能抗微生物肽的在线预测服务

MultiP-AMP(详见第 6 章)。生物学家可以通过这个在线预测网站，提交 FASTA 格式的肽序列，得到相应的功能类型的预测。

5.5　实验结果和分析

本章采用 jackknife 测试评估我们所提方法的性能。同上一章一样，仍然采用 mlACC、mlPRE、mlREC，mlF1 和 ACC 这 5 种多标记性能评价指标。表 5－2 给出了我们所提方法 MultiP-AMP 在抗微生物肽数据集 S_AMP 上的预测性能。同时，为了便于比较，表 5－2 也列出了 iAMP-2L 的预测结果。如前所述，目前只有 iAMP-2L 能够进行抗微生物肽的多功能类型识别，因此本章方法仅和 iAMP-2L 进行比较是合理而且充分的。从表 5－2 可以看出，我们所提方法 MultiP-AMP 在基于所有多标记性能评价指标上都超过了目前最好方法 iAMP-2L，尤其是，我们所提方法 MultiP-AMP 的绝对精度 ACC 达到了 50% 以上，超过了 iAMP-2L 方法 7% 左右。由于绝对精度 ACC 要求非常严格，必须完全正确地预测出测试肽序列的所有功能类型才算是预测正确，任何过预测或欠预测都被认为预测错误，

表 5－2　MultiP-AMP 和 iAMP-2L 的性能比较

Measure	Predictor	
	MultiP-AMP	iAMP-2L
mlACC	0.705 8	0.668 7
mlPRE	0.863 3	0.833 1
mlREC	0.763 4	0.757 0
mlF1	0.810 3	0.793 2[①]
ACC	0.505 1	0.430 5

注：① iAMP-2L 的文献[103]没有提供 mlF1 指标的值，这里根据式(2－4)计算得来。

因而可见,我们所提的多标记集成算法能极大地改进多功能抗微生物肽的识别率,而且成功地避免了繁琐的氨基酸组成的参数寻优过程。

为了进一步分析我们所提的最优多标记集成算法,我们将它和单个多标记分类器 MLkNN 以及简单集成所有多标记分类器的方法进行比较。其中,最优多标记集成算法对应于式(5-11),而简单集成所有多标记分类器的方法对应于式(5-6)。表 5-3 列出了它们各自的 jackknife 预测结果,其中,"individual classifier"这一列的值,并不是同一个体 MLkNN 的预测性能,而是基于各个评价指标,最好的个体 MLkNN 的预测性能,表 5-3 的附注中给出了在各个评价指标上获得最好性能的个体 MLkNN 的参数组合。从表 5-3 的结果,我们可以看到以下几点:① 简单集成所有多标记分类器的方法并不能取得性能改进,相反地,还损害了个体分类器的性能,因此,传统的多类集成方法并不适用于多标记分类器的集成;② 我们所提的最优多标记集成算法能够为每个功能类型分别选择出最优的分类器子

表 5-3　各种集成融合策略的性能比较

Measure	Algorithm		
	the proposed algorithm	ensemble all	individual classifier
mlACC	0.705 8	0.675 8	0.688 5[①]
mlPRE	0.863 3	0.846 6	0.852 9[②]
mlREC	0.763 4	0.736 8	0.814 8[③]
mlF1	0.810 3	0.787 9	0.782 9[①]
ACC	0.505 1	0.460 8	0.467 6[①]

注:① mlACC,mlF1 和 ACC 的最好结果都由同一个个体 MLkNN 分类器取得,其中 $k=5$,$\lambda=3$,$\xi=2$,且采用 hydrophobicity 和 hydrophilicity 两个生化属性。
② 单个 MLkNN 分类器取得的最好 mlPRE 结果,其中 $k=11$,$\lambda=1$,$\xi=4$,且采用 hydrophobicity, hydrophilicity, mass 和 pK (alpha-COOH)四个生化属性。
③ 单个 MLkNN 分类器取得的最好 mlREC 结果,其中 $k=2$,$\lambda=4$,$\xi=3$,且采用 hydrophobicity, hydrophilicity, mass 三个生化属性。

集进行融合,去除了无关和冗余的分类器,因而有效地改进了预测性能,取得了比最好的个体 MLkNN 分类器更好的结果。

5.6 本章小结

有大量的抗微生物肽不止有一个功能,而是可能同时拥有多种功能。因此,需要同时识别出它们的多种功能类型,这对抗生素替代药物的研制具有极其重要的意义。可惜,目前仅有很少的工作涉足于此。基于此,本章提出一个最优多标记集成分类算法来预测抗微生物肽的多种功能类型。本章的主要贡献在于:

(1) 现有的多标记生物数据的预测研究一般都基于单个多标记分类器进行分析,还没有把集成学习和多标记学习结合的先例,本章首次引入多标记集成分类器来处理多功能抗微生物肽,显著提高了预测性能。

(2) 由于多标记生物数据的特殊性,正如本章实验部分所示,简单融合所有个体多标记分类器并不能提高预测性能。本章提出分别为每个标记(抗微生物肽的功能)选择最优的分类器组合,去除了无关和冗余的分类器,因而有效地改进了预测性能。

(3) Shen 等人已经在多类分类的情况下采用集成分类器的思想有效地解决了伪氨基酸模型中参数的选择问题。本章把该思想成功地推广到多标记生物数据的分类预测中,既提高了预测性能又增强了预测算法的实用性。

(4) 本章利用 MLkNN 分类器来构建最优多标记集成分类器,也可以使用其他的多标记分类器,甚至可以融合多种不同的多标记分类器。作为一种通用的预测算法,本章研究也可以推广到其他的多标记生物数据的研究中,如预测蛋白质的多个亚细胞位置,膜蛋白的多种功能类型,酶家族的多种类型,等等,为其他多标记生物数据的研究提供重要的参考价值。

(5) 本章所提的方法已经被开发成在线预测服务,为广大生物学家提供基于互联网的在线预测(详见第 6 章),这将更深层次地推动该领域研究的发展。

第**6**章

在线生物信息服务网站

6.1　本　章　引　言

　　生物信息学的主要任务是开发计算工具,快速研究分析后基因组时代产生的海量生物数据,进而帮助生物学家更好地开展研究。本文主要研究一类新的生物数据,即多标记生物数据的分析预测,并提出了一系列高效精确的预测算法。当前互联网已经十分普及,为了更快地推动生命科学的发展,更好地为生物学家提供服务,我们将本文的所有研究成果开发成在线生物信息服务网站,使生物学家仅通过互联网和浏览器就可以方便快速的获得所需分析结果,并且为进一步指导实验设计及方向提供了强有力的理论支持。除此之外,在线生物信息服务网站的建立,也为生物信息学家之间公开透明地进行预测算法的性能比较提供便利,反过来可以进一步促进生物信息学的发展。

6.2　构建在线生物信息服务平台

　　本文采用流行的 python 脚本语言、基于 python 的 web 框架 web.py

和 html 标记语言实现了该在线生物信息服务平台。该平台包括前端接口层、web 路由层、预测模型层。用户通过前端接口层提供的交互接口和本服务平台进行交互,web 路由层负责解析、验证并转发用户的请求,预测模型层是最核心的部件,负责执行具体的属性和功能预测任务。图 6-1 显示了总体设计框架。

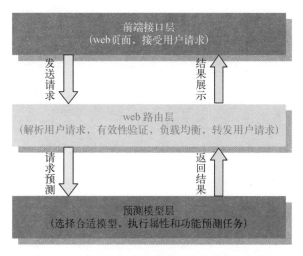

图 6-1 在线生物信息服务平台总体设计框架

6.3 在线生物信息服务网站列表

到目前为止,我们已经开发了 5 个在线生物信息服务网站。表 6-1 给出了这些预测器的名称、访问地址和简介。

表 6-1 本文开发的 5 个在线服务网站的列表

No.	Name	URL	Intro
1	Euk-ECC-mPLoc	http://levis.tongji.edu.cn:8080/bioinfo/Euk-ECC-mPLoc/	真核蛋白质的多亚细胞位置预测

No.	Name	URL	Intro.
2	Virus-ECC-mPLoc	http：//levis. tongji. edu. cn：8080/bioinfo/Virus-ECC-mPLoc/	病毒蛋白质的多亚细胞位置预测
3	MLPred-Euk	http：//levis. tongji. edu. cn：8080/bioinfo/MLPred-Euk/	新颖真核蛋白质的多亚细胞位置预测
4	MultiP-SChlo	http：//levis. tongji. edu. cn：8080/bioinfo/MultiP-SChlo/	蛋白质亚叶绿体多位置预测
5	MultiP-AMP	http：//levis. tongji. edu. cn：8080/bioinfo/MultiP-AMP/	抗微生物肽多功能类型预测

6.4　使用举例

本节以表6-1所示的系统 No.3 为例，演示了我们所构建系统的使用方法。本研究开发的所有在线预测系统的使用方式基本一致，不再重复介绍。图6-2和图6-3分别给出了系统的序列输入页面和预测结果展示页

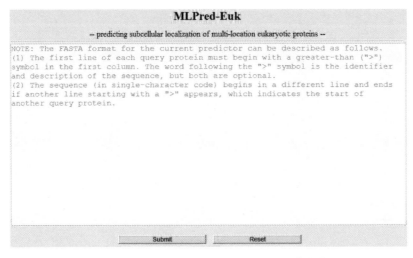

图 6-2　新颖真核蛋白质多亚细胞位置预测系统的输入页面

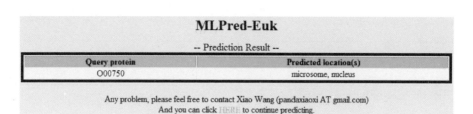

图6-3 新颖真核蛋白质多亚细胞位置预测系统的结果展示页面

面。用户所需要做的唯一工作就是把FASTA格式的序列数据输入开始界面的文本框中,点击提交按钮,剩下的工作就交由我们开发的在线预测系统来完成。

6.5 本章小结

计算工具的开发是生物信息学研究中的重要步骤,尤其以Web形式提供的在线生物信息服务网站最为重要,因为它们极大地加快和促进了研究成果向生物学家的转化。本章主要介绍了本文研究过程中开发的5个在线生物信息服务网站的建设和服务范围。随着它们的投入使用,我们相信必将为广大生物学家在多标记生物数据的研究分析上提供有力的支持。据初步统计,已有许多研究机构的学者访问并使用了我们提供的服务。

第 **7** 章

总结与展望

7.1 总　　结

大量生物序列数据都同时拥有多种属性和功能。多标记生物数据识别,即预测它们的多种属性和功能,是生物信息学中近年来新出现的一个热点研究领域。本书主要针对该领域中的一些重要问题展开深入研究,取得了如下研究结果:

(1)首次把多标记学习技术引入蛋白质亚细胞定位领域,形式化蛋白质多亚细胞位置预测为一个多标记分类任务,并且介绍了四种流行的评价指标,比较了两类多标记学习方法的性能优劣。实验结果表明,利用标记间相互关系的方法取得了比利用标记相关特征的方法更好的性能,显示出利用标记间相互关系的方法更适合蛋白质亚细胞多位置预测领域,为以后的进一步研究奠定基础。同时为真核与病毒分别构造了各自专用的多位置蛋白质预测器,并提供了在线预测服务网站。

(2)提出一种新颖的基于随机标记选择的预测方法,高效地利用了亚细胞位置间的相互关系。采用融合伪氨基酸组成和序列进化信息的方法来提取蛋白质的特征。实验结果表明,通过借助集成学习的思想间接地利用亚细胞位置间的相互关系,显著地提高了预测性能,并优于目前已有的最好结果。

(3) 构建了一个包含多亚叶绿体位置蛋白质的数据集,提出了一种新颖的结合标记相关特征和标记间关系的多标记分类算法,实验结果表明,通过选取与每个位置最相关的特征,并且加入了不同位置之间的相互关系,该方法能够很好地建模蛋白质的多位置特性,因而取得了更加优越的性能。本研究是该领域的第一个考虑多亚叶绿体位置的工作,为蛋白质亚-亚细胞位置预测研究提供了重要的参考价值。

(4) 提出一种最优多标记集成分类算法来预测抗微生物肽的多种功能类型,实验结果表明,通过分别为每个标记(抗微生物肽的功能)选择不同的最优分类器组合,去除无关和冗余的分类器,显著地提高了预测性能。

(5) 将本书的所有研究成果开发成在线生物信息服务网站,使生物学家仅通过互联网和浏览器就可以方便快速的获得所需分析结果,并且为进一步指导实验设计及方向提供了强有力的理论支持。反过来,在线生物信息服务网站的建立,也为生物信息学家之间公开透明地进行预测算法的性能比较提供便利,可以进一步促进生物信息学的发展。

7.2　展　　望

本书认为,在多标记生物数据属性识别领域还有如下问题值得深入研究:

(1) 多源信息融合。本书工作大都基于一种特征表示方法。仅采用一种特征往往无法全面准确地表示生物序列中隐含的信息。另外,除了序列信息外,蛋白质交互网络、细胞分子图像等都是潜在的信息源,研究综合利用多种信息源以提高多标记生物数据属性预测的精确度是未来的一项重要工作。

（2）多标记分类器的集成。本书已经在抗微生物肽的多功能类型识别领域中做了探索性工作，取得了很好的效果。接下来，我们将把本书工作推广到其他多标记生物数据分析领域，验证其可行性；另一方面，研究异构多标记分类器的集成方法以及与同构集成的比较分析也是一个值得研究的方向。

（3）半监督多标记分类算法的研究。目前，多标记生物数据属性预测主要采用监督学习算法，鲜有工作利用未标记的生物序列数据。实验标注生物序列既耗时又昂贵，如果能够研制出利用未标记生物序列数据提高多标记生物数据属性预测的方法，将会极大地促进该领域的发展。

附录　基于遗传算法的相关特征和标记的选择

遗传算法是目前最为流行的一种基于种群的特征子集选择(feature subset selection)方法。由于该方法在进行特征子集选择时需要涉及后续的分类算法,因此可以将其看作是一种"包装器类型(wrapper-style)"的特征选择方法。本书采用了 MATLAB 中提供的 genetic algorithm and direct search 工具箱(默认参数配置)来实现所需的遗传算法。值得注意的是,在使用该工具箱之前,首先需要确定个体(individual)的表示形式及其适应度函数:

(1) 个体表示:种群中的个体采用 n 维布尔向量的形式进行表示。本研究中,$n=(320+4)\times 5$。具体来说,该 n 维布尔向量由 5 个部分组成,每组对应一个标记(细胞位置),每组又被分为 2 个部分,第 1 个部分表示伪氨基酸组成特征(320 维),第 2 个部分表示扩展的其他标记特征(4 维),对于给定的个体 h,$h(l)$ 取值为 1 代表选择原始特征空间中的第 l 个特征。反之,$h(l)$ 取值为 0 代表去除原始属性空间中的第 l 个特征。

(2) 适应度函数(fitness function):给定个体 h,其适应值采用如下方式进行计算。首先,基于个体 h 所提供的特征选择信息,取出与每个标记(细胞位置)相关的特征和其他标记。然后,使用 jackknife 测试的方式确定个体的适应值,适应值采用多标记绝对精确度的值来衡量。

经过上述过程,即可选择出与每个标记(位置)最相关的特征和标记子集,以最大化多标记数据的分类性能。

参考文献

［1］ 张敏灵. 邀请报告：多标记学习［C］. 第 8 届机器学习与应用研讨会（MLA'10），南京，2010. 11.

［2］ Zhang M L, Zhou Z H. A review on multi-label learning algorithms［J］. IEEE Transactions on Knowledge and Data Engineering，2014，26(8)：1819 - 1837.

［3］ Tsoumakas G, Katakis I, Vlahavas I. Mining multi-label data［M］//Data Mining and Knowledge Discovery Handbook. Boston，MA：Springer，2010：667 - 685.

［4］ Tsoumakas G, Katakis I. Multi-label classification：an overview［J］. International Journal of Data Warehousing and Mining，2007，3(3)：1 - 13.

［5］ Salton G. Developments in automated text retrieval［J］. Science，1991，253：974 - 980.

［6］ Schapire R E, Singer Y. BoosTexter：a boosting-based system for text categorization［J］. Machine Learning，2000，39(2 - 3)：135 - 168.

［7］ Boutell M R, Luo J, Shen X, et al. Learning multi-label scene classification［J］. Pattern Recognition，2004，37(9)：1757 - 1771.

［8］ Clare A, King R D. Knowledge discovery in multi-label phenotype data［M］//De Raedt L, Siebes A, Eds. Lecture Notes in Computer Science 2168. Berlin：Springer，2001，42 - 53.

［9］ Zhang M L, Zhou Z H. ML-kNN：A lazy learning approach to multi-label learning[J]. Pattern Recognition, 2007, 40(7): 2038 - 2048.

[10] Freund Y, Schapire R E. A decision-theoretic generalization of on-line learning and an application to boosting[M]//Vitányi P M B ed. Lecture Notes in Computer Science 904. Berlin: Springer, 1995, 23 - 37.

[11] Quinlan J R. C4.5: Programs for machine learning[M]. San Mateo, CA: Morgan Kaufmann, 1993.

[12] Elisseeff A, Weston J. A kernel method for multi-labelled classification[M]// Dietterich T G, Becker S, Ghahramani Z, Eds. Advances in Neural Information Processing Systems 14. Cambridge, MA: MIT Press, 2002, 681 - 687.

[13] Zhang M L, Zhou Z H. Multilabel neural networks with applications to functional genomics and text categorization [J]. IEEE Transactions on Knowledge and Data Engineering, 2006, 18(10): 1338 - 1351.

[14] Fürnkranz J, Hüllermeiera E, Mencía E L, et al. Multilabel classification via calibrated label ranking[J]. Machine Learning, 2008, 73(2): 133 - 153.

[15] Rumelhart D E, Hinton G E, Williams R J. Learning internal representations by error propagation [M]//Rumelhart D E, McClelland J L, eds. Parallel Distributed Processing: Explorations in the Microstructure of Cognition, Volume 1, Cambridge, MA: MIT Press, 1986, 318 - 362.

[16] Hüllermeiera E, Fürnkranzb J, Cheng W, et al. Label ranking by learning pairwise preferences[J]. Artificial Intelligence, 2008, 172(16 - 17): 1897 - 1916.

[17] Mencía E L, Fürnkranz J. Pairwise learning of multilabel classifications with perceptrons [C]//Proceedings of International Joint Conference on Neural Networks, 2008: 2899 - 2906.

[18] Tsoumakas G, Vlahavas I. Random k-labelsets: An ensemble method for multilabel classification [M]//Kok J N, Koronacki J, de Mantaras R L, et al, eds. Lecture Notes in Artificial Intelligence 4701. Berlin: Springer, 2007, 406 - 417.

[19] Tsoumakas G, Vlahavas I. Random k-label sets for multi-label classification[J].

IEEE Transactions on Knowledge and Data Engineering, 2011, 23 (7): 1079 - 1089.

[20] Read J, Pfahringer B, Holmes G, et al. Classifier chains for multi-label classification[C]//Proc. ECML, Bled, Slovenia, 2009: 254 - 269.

[21] Read J, Pfahringer B, Holmes G, et al. Classifier chains for multi-label classification[J]. Machine Learning, 2011, 85(3): 333 - 359.

[22] Zhang M L, Zhang K. Multi-label learning by exploiting label dependency[C]// Proceedings of the 16th ACM SIGKDD International Conference on Knowledge Discovery and Data Mining, Washington D C, 2010: 999 - 1007.

[23] Koller D, Friedman N. Probabilistic graphical models: Principles and techniques [M]. Cambridge, MA: MIT Press, 2009.

[24] Xu Q, Hu H, Xue H, et al. Semi-supervised protein subcellular localization[J]. BMC Bioinformatics, 2009, 10(Suppl 1): S47.

[25] Shen H B, Yang J, Chou K C. Euk-PLoc: an ensemble classifier for large-scale eukaryotic protein subcellular location prediction[J]. Amino Acids, 2007, 33: 57 - 67.

[26] Chou K C, Shen H B. Recent progress in protein subcellular location prediction [J]. Analytical Biochemistry, 2007, 370(1): 1 - 16.

[27] Chou K C, Elrod D W. Protein subcellular location prediction[J]. Protein Engineering Design & Selection, 1999, 12(2): 107 - 118.

[28] Chou K C, Shen H B. Cell-PLoc 2.0: an improved package of web-servers for predicting subcellular localization of proteins in various organisms[J]. Natural Science, 2010, 2(10): 1090 - 1103.

[29] Nakai K, Kanehisa M. Expert system for predicting protein localization sites in gram-negative bacteria[J]. Proteins: Structure, Function, and Bioinformatics, 1991, 11(2): 95 - 110.

[30] Horton P, Park K, Obayashi T, et al. WoLF PSORT: protein localization predictor[J]. Nucleic Acids Research, 2007, 35 (Web Server issue): W585 -

W587.

[31] Horton P, Park K, Obayashi T, et al. Protein subcellular localization prediction with WOLF PSORT [C]//Proc. 4th Annual Asia Pacific Bioinformatics Conference (APBC06), 2006: 39 - 48.

[32] Emanuelsson O, Nielsen H, Brunak S, et al. Predicting subcellular localization of proteins based on their N-terminal amino acid sequence [J]. Journal of Molecular Biology, 2000, 300(4): 1005 - 1016.

[33] Nielsen H, Engelbrecht J, Brunak S, et al. A neural network method for identification of prokaryotic and eukaryotic signal peptides and prediction of their cleavage sites[J]. International Journal of Neural Systems, 1997, 8: 581 - 599.

[34] Nielsen H, Brunak S, von Heijne G. Machine learning approaches for the prediction of signal peptides and other protein sorting signals [J]. Protein Engineering, 1999, 12: 3 - 9.

[35] Nakashima H, Nishikawa K. Discrimination of intracellular and extracellular proteins using amino acid composition and residue-pair frequencies[J]. Journal of Molecular Biology, 1994, 238(1): 54 - 61.

[36] Cedano J, Aloy P, Prez-Pons J A, et al. Relation between amino acid composition and cellular location of proteins[J]. Journal of Molecular Biology, 1997, 266(3): 594 - 600.

[37] Reinhardt A, Hubbard T. Using neural networks for prediction of the subcellular location of proteins [J]. Nucleic Acids Research, 1998, 26 (9): 2230 - 2236.

[38] Huang Y, Li Y. Prediction of protein subcellular locations using fuzzy k-NN method[J]. Bioinformatics, 2004, 20(1): 21 - 28.

[39] Park K J, Kanehisa M. Prediction of protein subcellular locations by support vector machines using compositions of amino acids and amino acid pairs[J]. Bioinformatics, 2003, 19(13): 1656 - 1663.

[40] Chou K C. Prediction of protein cellular attributes using pseudo-amino acid

composition[J]. Proteins: Structure, Function, and Bioinformatics, 2001, 43 (3): 246 – 255.

[41] Li F M, Li Q Z. Predicting protein subcellular location using chous pseudo amino acid composition and improved hybrid approach[J]. Protein and Peptide Letters, 2008, 15(6): 612 – 616.

[42] Lin J, Wang Y, Xu X. A novel ensemble and composite approach for classifying proteins based on chou's pseudo amino acid composition[J]. African Journal of Biotechnology, 2011, 10(74): 16963 – 16968.

[43] Jones D T. Protein secondary structure prediction based on position-specific scoring matrices[J]. Journal of Molecular Biology, 1999, 292(2): 195 – 202.

[44] Chou K C, Shen H B. MemType-2L: a web server for predicting membrane proteins and their types by incorporating evolution information through Pse-PSSM[J]. Biochemical and Biophysical Research Communications, 2007, 360 (2): 339 – 345.

[45] Briesemeister S, Blum T, Brady S, et al. SherLoc2: a high-accuracy hybrid method for predicting subcellular localization of proteins[J]. Journal of Proteome Research, 2009, 8(11): 5363 – 5366.

[46] Chou K C, Cai Y D. Using functional domain composition and support vector machines for prediction of protein subcellular location[J]. Journal of Biological Chemistry, 2002, 277(48): 45765 – 45769.

[47] Huang W L, Tung C W, Ho S W, et al. ProLoc-GO: utilizing informative gene ontology terms for sequence-based prediction of protein subcellular localization [J]. BMC Bioinformatics, 2008, 9: 80.

[48] Chi S M. Prediction of protein subcellular localization by weighted gene ontology terms[J]. Biochemical and Biophysical Research Communications, 2010, 399 (3): 402 – 405.

[49] Chou K C, Shen H B. Cell-PLoc: a package of Web servers for predicting subcellular localization of proteins in various organisms[J]. Nature Protocols,

2008，3(2)：153 - 162.

[50] Chou K C, Wu Z C, Xiao X. iLoc-Euk：a Multi-Label classifier for predicting the subcellular localization of singleplex and multiplex eukaryotic proteins[J]. PLoS ONE, 2011, 6(3)：e18258.

[51] Wang X, Li G Z. A Multi-Label predictor for identifying the subcellular locations of singleplex and multiplex eukaryotic proteins[J]. PLoS ONE, 2012, 7(5)：e36317.

[52] Wang X, Li G Z, Lu W C. Virus-ECC-mPLoc：a Multi-Label predictor for predicting the subcellular localization of virus proteins with both single and multiple sites based on a general form of chou's pseudo amino acid composition [J]. Protein and Peptide Letters, 2013, 20(3)：309 - 317.

[53] Mei S, Wang F, Zhou S. Gene ontology based transfer learning for protein subcellular localization[J]. BMC Bioinformatics, 2011, 12：44.

[54] Chou K C, Shen H B. Large-scale plant protein subcellular location prediction [J]. Journal of Cellular Biochemistry, 2007, 100(3)：665 - 678.

[55] Chou K C, Shen H B. Gpos-PLoc：an ensemble classifier for predicting subcellular localization of Gram-positive bacterial proteins [J]. Protein Engineering Design and Selection, 2007, 20(1)：39 - 46.

[56] Chou K C, Shen H B. Hum-PLoc：A novel ensemble classifier for predicting human protein subcellular localization[J]. Biochemical and Biophysical Research Communications, 2006, 347(1)：150 - 157.

[57] Shen H B, Chou K C. Virus-PLoc：A fusion classifier for predicting the subcellular localization of viral proteins within host and virus-infected cells[J]. Biopolymers, 2007, 85(3)：233 - 240.

[58] Chou K C, Shen H B. Large-Scale Predictions of Gram-Negative Bacterial Protein Subcellular Locations[J]. Journal of Proteome Research, 2006, 5(12)：3420 - 3428.

[59] Chou K C, Shen H B. Euk-mPLoc：A Fusion Classifier for Large-Scale Eukaryotic Protein Subcellular Location Prediction by Incorporating Multiple

Sites[J]. Journal of Proteome Research, 2007, 6(5): 1728 – 1734.

[60] Shen H B, Chou K C. Hum-mPLoc: An ensemble classifier for large-scale human protein subcellular location prediction by incorporating samples with multiple sites[J]. Biochemical and Biophysical Research Communications, 2007, 355(4): 1006 – 1011.

[61] Shen H B, Chou K C. Gpos-mPLoc: a top-down approach to improve the quality of predicting subcellular localization of Gram-positive bacterial proteins[J]. Protein and Peptide Letters, 2009, 16(12): 1478 – 1484.

[62] Shen H B, Chou K C. Gneg-mPLoc: A top-down strategy to enhance the quality of predicting subcellular localization of Gram-negative bacterial proteins[J]. Journal of Theoretical Biology, 2010, 264(2): 326 – 333.

[63] Chou K C, Shen H B. Plant-mPLoc: A Top-Down Strategy to Augment the Power for Predicting Plant Protein Subcellular Localization[J]. PLoS ONE, 2010, 5(6): e11335.

[64] Shen H B, Chou K C. Virus-mPLoc: a fusion classifier for viral protein subcellular location prediction by incorporating multiple sites[J]. Journal of Biomolecular Structure & Dynamics, 2010, 28(2): 175 – 186.

[65] Chou K C, Shen H B. A new method for predicting the subcellular localization of eukaryotic proteins with both single and multiple sites[J]: Euk-mPLoc 2.0. PLoS ONE, 2010, 5(4): e9931.

[66] Shen H B, Chou K C. A top-down approach to enhance the power of predicting human protein subcellular localization: Hum-mPLoc 2.0 [J]. Analytical Biochemistry, 2009, 394(2): 269 – 274.

[67] Chou K C, Wu Z C, Xiao X. iLoc-Hum: using the accumulation-label scale to predict subcellular locations of human proteins with both single and multiple sites [J]. Molecular BioSystems, 2012, 8(2): 629.

[68] Wu Z C, Xiao X, Chou K C. iLoc-Plant: a multi-label classifier for predicting the subcellular localization of plant proteins with both single and multiple sites

[J]. Molecular BioSystems, 2011, 7(12): 3287.

[69] Xiao X, Wu Z C, Chou K C. A multi-label classifier for predicting the subcellular localization of gram-negative bacterial proteins with both single and multiple sites[J]. PLoS ONE, 2011, 6(6): e20592.

[70] Xiao X, Wu Z C, Chou K C. iLoc-Virus: A multi-label learning classifier for identifying the subcellular localization of virus proteins with both single and multiple sites[J]. Journal of Theoretical Biology, 2011, 284(1): 42-51.

[71] Wu Z C, Xiao X, Chou K C. iLoc-Gpos: A Multi-Layer Classifier for Predicting the Subcellular Localization of Singleplex and Multiplex Gram-Positive Bacterial Proteins[J]. Protein and Peptide Letters, 2012, 19(1): 4-14.

[72] Mei S. Predicting plant protein subcellular multi-localization by Chou's PseAAC formulation based multi-label homolog knowledge transfer learning[J]. Journal of Theoretical Biology, 2012, 310: 80-87.

[73] Mei S. Multi-label multi-kernel transfer learning for human protein subcellular localization[J]. PLoS ONE, 2012, 7(6): e37716.

[74] Li L, Zhang Y, Zou L, et al. An ensemble classifier for eukaryotic protein subcellular location prediction using gene ontology categories and amino acid hydrophobicity[J]. PLoS ONE, 2012, 7(1): e31057.

[75] Millar A H, Carrie C, Pogson B, et al. Exploring the function-location nexus: Using multiple lines of evidence in defining the subcellular location of plant proteins[J]. Plant Cell Online, 2009, 21(6): 1625-1631.

[76] Foster L J, de Hoog C L, Zhang Y, et al. A mammalian organelle map by protein correlation profiling[J]. Cell, 2006, 125(1): 187-199.

[77] Mueller J C, Andreoli C, Prokisch H, et al. Mechanisms for multiple intracellular localization of human mitochondrial proteins[J]. Mitochondrion, 2004, 3: 315-325.

[78] Lin H N, Chen C T, Sung T Y, et al. Protein subcellular localization prediction of eukaryotes using a knowledge-based approach[J]. BMC Bioinformatics, 2009,

10(Suppl 15)：S8.

[79] Briesemeister S, Rahnenfuhrer J, Kohlbacher O. Going from where to why-interpretable prediction of protein subcellular localization[J]. Bioinformatics, 2010, 26(9)：1232‐1238.

[80] Briesemeister S, Rahnenfuhrer J, Kohlbacher O. YLoc-an interpretable web server for predicting subcellular localization[J]. Nucleic Acids Research, 2010, 38(Web Server issue)：W497‐W502.

[81] Sitaram N, Nagaraj R. Host-defense antimicrobial peptides：importance of structure for activity[J]. Current Pharmaceutical Design, 2002, 8：727‐742.

[82] Papagianni M. Ribosomally synthesized peptides with antimicrobial properties：biosynthesis, structure, function, and applications[J]. Biotechnology Advances, 2003, 21：465‐499.

[83] Brogden K A. Antimicrobial peptides：pore formers or metabolic inhibitors in bacteria? [J]. Nature Reviews Microbiology, 2005, 3：238‐250.

[84] Yeaman M R, Yount N Y. Mechanisms of antimicrobial peptide action and resistance[J]. Pharmacological Reviews, 2003, 55：27‐55.

[85] Ong P Y, Ohtake T, Brandt C, et al. Endogenous Antimicrobial Peptides and Skin Infections in Atopic Dermatitis[J]. The New England Journal of Medicine, 2002, 347：1151‐1160.

[86] Giuliani A, Pirri G, Nicoletto S F. Antimicrobial peptides：an overview of a promising class of therapeutics[J]. Central European Journal of Biology, 2007, 2：1‐33.

[87] Jenssen H, Hamill P, Hancock R E. Peptide antimicrobial agents[J]. Clinical Microbiology Reviews, 2006, 19：491‐511.

[88] Loffet A. Peptides as drugs：is there a market? [J]. Journal of Peptide Science, 2002, 8：1‐7.

[89] Van't Hof W, Veerman E C, Helmerhorst E J, et al. Antimicrobial peptides：properties and applicability[J]. Biological Chemistry, 2001, 382：597‐619.

[90] Hancock R E, Patrzykat A. Clinical development of cationic antimicrobial peptides: from natural to novel antibiotics[J]. Current Drug Targets-Infectious Disorsers, 2002, 2: 79 - 83.

[91] Riadh H, Ismail F. Current trends in antimicrobial agent research: chemo-and bioinformatics approaches[J]. Drug Discovery Today, 2010, 15: 540 - 546.

[92] Sang Y, Blecha F. Antimicrobial peptides and bacteriocins: alternatives to traditional antibiotics[J]. Animal Health Research Reviews, 2008, 9(2): 227 - 235.

[93] Marr A K, Gooderham W J, Hancock R E. Antibacterial peptides for therapeutic use: obstacles and realistic outlook [J]. Current Opinion in Pharmacology, 2006, 6(5): 468 - 472.

[94] Fjell C D, Hancock R E, Cherkasov A. AMPer: a database and an automated discovery tool for antimicrobial peptides[J]. Bioinformatics, 2007, 23: 1148 - 1155.

[95] Lata S, Sharma B K, Raghava G. Analysis and prediction of antibacterial peptides[J]. BMC Bioinformatics, 2007, 8: 263.

[96] Lata S, Mishra N, Raghava G. AntiBP2: improved version of antibacterial peptide prediction[J]. BMC Bioinformatics, 2010, 11: S19.

[97] Wang P, Hu L, Liu G, et al. Prediction of antimicrobial peptides based on sequence alignment and feature selection methods [J]. PLoS ONE, 2011, 6: e18476.

[98] Khosravian M, Faramarzi F K, Beigi M M, et al. Predicting antibacterial peptides by the concept of Chou's pseudo-amino acid composition and machine learning methods[J]. Protein and Peptide Letters, 2013, 20(2): 180 - 186.

[99] Wang Z, Wang G. APD: the antimicrobial peptide database[J]. Nucleic Acids Research, 2004, 32: D590 - D592.

[100] Wang G, Li X, Wang Z. APD2: the updated antimicrobial peptide database and its application in peptide design[J]. Nucleic Acids Research, 2009, 37: D933 -

D937.

[101] Thomas S, Karnik S, Barai R S, et al. CAMP: a useful resource for research on antimicrobial peptides[J]. Nucleic Acids Research, 2010, 38: D774 - 80.

[102] Lai Y, Gallo R L. AMPed up immunity: how antimicrobial peptides have multiple roles in immune defense[J]. Trends in Immunology, 2009, 30(3): 131 - 141.

[103] Xiao X, Wang P, Lin W Z, et al. iAMP-2L: A two-level multi-label classifier for identifying antimicrobial peptides and their functional types[J]. Analytical Biochemistry, 2013, 436: 168 - 177.

[104] Hua S, Sun Z. Support vector machine approach for protein subcellular localization prediction[J]. Bioinformatics, 2001, 17(8): 721 - 728.

[105] Lu Z, Szafron D, Greiner R, et al. Predicting subcellular localization of proteins using machine-learned classifiers[J]. Bioinformatics, 2004, 20(4): 547 - 556.

[106] Yu C S, Lin C J, Hwang J K. Predicting subcellular localization of proteins for gram-negative bacteria by support vector machines based on npeptide compositions. Protein Science, 2004, 13(5): 1402 - 1406.

[107] Bhasin M, Raghava G. ESLpred: SVM-based method for subcellular localization of eukaryotic proteins using dipeptide composition and PSI-BLAST [J]. Nucleic Acids Research, 2004, 32: W414 - W419.

[108] Wang J, Sung W K, Krishnan A, et al. Protein subcellular localization prediction for gram-negative bacteria using amino acid subalphabets and a combination of multiple support vector machines [J]. BMC Bioinformatics, 2005, 6(1): 174.

[109] Garg A, Bhasin M, Raghava G. Support vector machine based method for subcellular localization of human proteins using amino acid compositions, their order, similarity search[J]. Journal of Biological Chemistry, 2005, 280(15): 14427 - 14432.

[110] Chou K C, Shen H B. Predicting eukaryotic protein subcellular location by fusing optimized evidence-theoretic K-nearest neighbor classifiers[J]. Journal of Proteome Research, 2006, 5(8): 1888 – 1897.

[111] Pierleoni A, Martelli P L, Fariselli P, et al. BaCelLo: A balanced subcellular localization predictor[J]. Bioinformatics, 2006, 22(14): e408 – e416.

[112] Chou K C, Shen H B. Predicting protein subcellular location by fusing multiple classifiers[J]. Journal of Cellular Biochemistry, 2006, 99(2): 517 – 527.

[113] Niu B, Jin Y H, Feng K Y, et al. Using AdaBoost for the prediction of subcellular location of prokaryotic and eukaryotic proteins [J]. Molecular Diversity, 2008, 12(1): 41 – 45.

[114] Su E C, Chiu H S, Lo A, et al. Protein subcellular localization prediction based on compartment-specific feature and structure conservation [J]. BMC Bioinformatics, 2007, 8: 330.

[115] Xie D, Li A, Wang M, et al. LOCSVMPSI: a web server for subcellular localization of eukaryotic proteins using SVM and profile of PSI-BLAST[J]. Nucleic Acids Research, 2005, 33: 105 – 110.

[116] Gardy J, Spencer C. PSORT-B: Improving protein subcellular localization prediction for Gram-negative bacteria[J]. Nucleic Acids Research, 2003, 31: 3613 – 3617.

[117] Nair R, Rost B. Mimicking cellular sorting improves prediction of Subcellular Localization[J]. Journal of Molecular Biology, 2005, 348: 85 – 100.

[118] Zhou G P, Doctor K. Subcellular location prediction of apoptosis proteins[J]. Proteins: Structure, Function, and Bioinformatics, 2003, 50: 44 – 48.

[119] Feng Z P. Prediction of the subcellular location of prokaryotic proteins based on a new representation of the amino acid composition[J]. Biopolymers 2001, 58: 491 – 499.

[120] Cedano J, Aloy P, P'erez-Pons J A, et al. Relation between amino acid composition and cellular location of proteins[J]. Journal of Molecular Biology,

1997, 266: 594 - 600.

[121] Chou K C. Prediction of protein cellular attributes using pseudo amino acid composition[J]. Proteins: Structure, Function, and Bioinformatics, 2001, 43: 246 - 255.

[122] Lo H Y, Wang J C, Wang H M, et al. Cost-Sensitive Multi-Label learning for audio tag annotation and retrieval[J]. IEEE Transactions on Multimedia, 2011, 13(3): 518 - 529.

[123] You M, Liu J, Li G Z, et al. Embedded feature selection for multi-label classification of music emotions[J]. International Journal of Computational Intelligence Systems, 2012, 5(4): 668 - 678.

[124] Read J, Pfahringer B, Holmes G. Multi-label classification using ensembles of pruned sets[C]//Proceeding of the 8th IEEE International Conference on Data Mining, Pisa, Italy, 2008: 995 - 1000.

[125] 葛雷,李国正,尤鸣宇. 多标记学习的嵌入式特征选择[J]. 南京大学学报 (CCDM'09 专刊),2009,45(5): 671 - 676.

[126] Zhang M L. LIFT: Multi-label learning with label-specific features[C]//Proc 22nd Int Joint Conf Artif Intell, Barcelona, Spain, 2011.

[127] Zhang M L, Zhou Z H. Multi-label learning by instance differentiation[C]. In Proceedings of the 22nd AAAI Conference on Artificial Intelligence, Vancouver, Canada, 2007: 669 - 674.

[128] Tsoumakas G, Dimou A, Spyromitros E, et al. Correlation-based pruning of stacked binary relevance models for multi-label learning[C]//Working Notes of the First International Workshop on Learning from Multi-Label Data, Bled, Slovenia, 2009: 101 - 116.

[129] Shi C, Kong X, Yu P S, et al. Multi-label ensemble learning[C]. D Gunopulos T, Hofmann D Malerba and M Vazirgiannis, Eds. Lecture Notes in Artificial Intelligence 6913. Berlin: Springer, 2011: 223 - 239.

[130] Sanden C, Zhang J Z. Enhancing multi-label music genre classification through

ensemble techniques[C]//Proceedings of the 34th Annual International ACM SIGIR Conference on Research and Development in Information Retrieval, Beijing, China, 2011: 705 - 714.

[131] 绍欢,李国正,刘国萍,等. 多标记中医问诊数据的症状选择[J]. 中国科学: 信息科学(中文版),2011,41(11): 1372 - 1387.

[132] Camon E, Magrane M, Barrell D, et al. The gene ontology annotation (GOA) database: sharing knowledge in uniprot with gene ontology[J]. Nucleic Acids Research, 2004, 32: D262 - 266.

[133] Altschul S F, Madden T L, Schaffer A A, et al. Gapped BLAST and PSI-BLAST: a new generation of protein database search programs[J]. Nucleic Acids Research, 1997, 25(17): 3389 - 3402.

[134] Loewenstein Y, Raimondo D, Redfern O C, et al. Protein function annotation by homology-based inference[J]. Genome Biology, 2009, 10: 207.

[135] Gerstein M, Thornton J M. Sequences and topology[J]. Current opinion in structural biology, 2003, 13: 341 - 343.

[136] Chou K C. Review: Structural bioinformatics and its impact to biomedical science[J]. Current Medicinal Chemistry, 2004, 11: 2105 - 2134.

[137] Ashburner M, Ball C A, Blake J A, et al. Gene ontology: tool for the unification of biology[J]. Nature Genetics, 2000, 25: 25 - 29.

[138] Cai Y D, Lu L, Chen L, et al. Predicting subcellular location of proteins using integrated-algorithm method[J]. Molecular Diversity, 2009, 14(3): 551 - 558.

[139] Nanni L, Lumini A. Using ensemble of classifiers in bioinformatics[M]. Peters H, Vogel M (Eds). Machine Learning Research Progress. NY: Nova Publisher, 2008.

[140] Guyon I, Elisseeff A. An introduction to variable and feature selection[J]. Journal of Machine Learning Research, 2003, 3: 1157 - 1182.

[141] Fu L, Niu B, Zhu Z, et al. CD-HIT: accelerated for clustering the next-generation sequencing data[J]. Bioinformatics, 2012, 28(23): 3150 - 3152.

[142] Chou K C. Using amphiphilic pseudo amino acid composition to predict enzyme subfamily classes[J]. Bioinformatics, 2005, 21(1): 10 - 19.

[143] Nanni L, Lumini A, Gupta D, et al. Identifying bacterial virulent proteins by fusing a set of classifiers based on variants of chou's pseudo amino acid composition and on evolutionary information[J]. IEEE/ACM Transactions on Computational Biology and Bioinformatics, 2012, 9(2): 467 - 475.

[144] Zou D, He Z, He J, et al. Supersecondary structure prediction using chou's pseudo amino acid composition[J]. Journal of Computational Chemistry, 2011, 32(2): 271 - 278.

[145] Qiu J D, Huang J H, Shi S P, et al. Using the concept of chous pseudo amino acid composition to predict enzyme family classes: An approach with support vector machine based on discrete wavelet transform[J]. Protein and Peptide Letters, 2010, 17(6): 715 - 722.

[146] Zhou X B, Chen C, Li Z C, et al. Using chou's amphiphilic pseudo-amino acid composition and support vector machine for prediction of enzyme subfamily classes[J]. Journal of Theoretical Biology, 2007, 248(3): 546 - 551.

[147] Zeng Y H, Guo Y Z, Xiao R Q, et al. Using the augmented chou's pseudo amino acid composition for predicting protein submitochondria locations based on auto covariance approach[J]. Journal of Theoretical Biology, 2009, 259(2): 366 - 372.

[148] Nanni L, Lumini A. Genetic programming for creating chou's pseudo amino acid based features for submitochondria localization[J]. Amino Acids, 2008, 34 (4): 653 - 660.

[149] Tanford C. Contribution of hydrophobic interactions to the stability of the globular conformation of proteins [J]. Journal of the American Chemical Society, 1962, 84(22): 4240 - 4247.

[150] Hopp T P, Woods K R. Prediction of protein antigenic determinants from amino acid sequences[J]. Proceedings of the National Academy of Sciences,

1981，78(6)：3824 - 3828.

[151] Su C T，Chen C Y，Ou Y Y. Protein disorder prediction by condensed PSSM considering propensity for order or disorder[J]. BMC Bioinformatics，2006，7：319.

[152] Kumar M，Gromiha M M，Raghava G. Prediction of RNA binding sites in a protein using SVM and PSSM profile[J]. Proteins：Structure，Function，and Bioinformatics，2008，71(1)：189 - 194.

[153] Kumar M，Gromiha M M，Raghava G. SVM based prediction of RNA-binding proteins using binding residues and evolutionary information[J]. Journal of Molecular Recognition，2011，24(2)：303 - 313.

[154] Zhu L，Yang J，Shen H B. Multi label learning for pre-diction of human protein subcellular localizations[J]. The Protein Journal，2009，28(9 - 10)：384 - 390.

[155] Schffer A A，Aravind L，Madden T L，et al. Improving the accuracy of PSI-BLAST protein database searches with composition-based statistics and other refinements[J]. Nucleic Acids Research，2001，29(14)：2994 - 3005.

[156] Liu T，Geng X，Zheng X，et al. Accurate prediction of protein structural class using auto covariance transformation of PSI-BLAST profiles[J]. Amino Acids，2011，42(6)：2243 - 2249.

[157] Zhang S，Xia X，Shen J，et al. DBMLoc：a database of proteins with multiple subcellular localizations[J]. BMC Bioinformatics，2008，9：127.

[158] Chang C C，Lin C J. LIBSVM：a library for support vector machines[J]. ACM Transactions on Intelligent Systems and Technology，2011，2(3)：1 - 27.

[159] Zhou G P，Doctor K. Subcellular location prediction of apoptosis proteins[J]. Proteins：Structure，Function，and Bioinformatics，2003，50：44 - 48.

[160] Chou K C，Cai Y D. Prediction of protein subcellular locations by GO-FunD-PseAA predicor[J]. Biochemical and Biophysical Research Communications，2004，320：1236 - 1239.

[161] Cedano J，Aloy P，P'erez-Pons J A，et al. Relation between amino acid

composition and cellular location of proteins[J]. Journal of Molecular Biology, 1997, 266: 594 - 600.

[162] Shen H B, Chou K C. Predicting protein subnuclear location with optimized evidence-theoretic K-nearest classifier and pseudo amino acid composition[J]. Biochemical and Biophysical Research Communications, 2005, 337(3): 752 - 756.

[163] Du P, Cao S, Li Y. SubChlo: predicting protein subchloroplast locations with pseudo-amino acid composition and the evidence-theoretic K-nearest neighbor (ET-KNN) algorithm[J]. Journal of Theoretical Biology, 2009, 261(2): 330 - 335.

后 记

　　一个冲动甚至有些"不靠谱"的想法使我的人生多了三年特别的经历。读博生活紧张、刺激、值得回味，使我更加坚韧、淡定和成熟。在此博士研究成文之际，特向帮助过、关心过我的老师、同学和家人表示感谢。

　　感谢我的导师王中杰老师的亲切关怀和悉心指导。王老师勤勉的工作作风和谦逊的为人值得我敬仰和学习。

　　感谢我的共同导师李国正老师。遇见李老师是我的幸运，带我进入了机器学习、模式识别的大门。本书从选题、文献收集、实验方案设计直至撰写修改，李老师付出了大量的心血和劳动。

　　感谢 LeVis 研究组的尤鸣宇老师给予我的帮助和建议。

　　感谢 LeVis 研究组的各位兄弟姐妹，这份感情我永生难忘。

　　感谢父亲、母亲、岳父、岳母、老婆和女儿的爱，我将继续努力。

　　感谢我的这次"不靠谱"，使我以后的日子更"靠谱"。

　　本书得到作者所在单位郑州轻工业学院计算机与通信工程学院的大力支持，同时也获得了国家自然科学基金项目（No.61402422）、郑州轻工业学院博士科研基金等项目的支持。

　　感谢各位专家、学者在百忙之中评阅论文和参加答辩。

王　晓

　　（作者简介：王晓，男，1982 年 7 月生，2013 年毕业于同济大学控制理论与控制工程专业，获工学博士学位，现任职于郑州轻工业学院计算机与通信工程学院。主要研究方向为机器学习以及在生物信息处理、医学智能诊断、医学图像处理等领域的应用。）